中国林业科学研究院

Zhongguo Linye Kexue Yanjiuyuan Yuanshi

院史

（1958～2008年）（简本）

《中国林业科学研究院院史》编委会 编

中国林业出版社

中國林業科

学研究院

◎ 1998年，中共中央总书记江泽民题写院名

《中国林业科学研究院院史》

编 委 会

《中国林业科学研究院院史》

编写办公室成员

组　长：金　旻　陈幸良

成　员：黄　坚　黄鹤羽　潘允中　陈建业　王　振

林泽攀　何晓琦　陈　勇　贺　郭

在中国林科院建院50周年庆祝大会上的讲话

（代序）

今天，我们在这里召开应对全球变化的林业科学研究国际研讨会，并热烈庆祝中国林业科学研究院建院50周年。首先，我代表全国绿化委员会、国家林业局，向各位代表、各位来宾、各位国际友人，以及所有关心支持中国林科院改革发展的各界人士，表示崇高的敬意和衷心的感谢，向中国林科院全体干部职工和广大林业科技工作者表示热烈的祝贺和诚挚的问候！

50年前的10月27日，经国务院批准，中国林业科学研究院正式成立。从此，我国林业科技事业翻开了崭新的一页。半个世纪以来，中国林科院不断发展壮大，为我国林业发展作出了重大贡献。今天，中国林科院的创新能力和综合实力明显增强，已经发展成为一所人才济济、学科齐全、专业配套、实力雄厚，在国内外具有重要影响的国家级林业科研机构。

50年来，中国林科院认真贯彻党的科技工作方针，紧紧围绕国家林业建设大局，努力开展综合性、全局性、关键性和基础性的林业科学研究，取得了一大批国际领先的原创性的科技成果。获得了1项国家科技进步特等奖，4项国家科技进步一等奖，以及几十项国家自然科学奖、国家发明奖、国家科技进步奖，几百项林业部科技进步奖，为我国林业发展提供了强有力的科技支撑。

50年来，中国林科院努力贯彻兴林富民的宗旨，坚持服务林业建设主战场，注重林业新技术的成果应用、推广，全院60%以上的科技成果直接应用于生产实践，多项科技成果被列入国家推广计划和部门重点推广计划，广大科技人员深入基层一线开展科技推广示范和技术服务，一批批研究成果在山区、沙区和林区得到推广应用，为林业发展和农民增收发挥了重要作用。

50年来，中国林科院以培养人才为己任，培养造就了许多著名的林业科学家，形成了一支梯队合理、结构优良、学科齐全的国家林业科技创新人才队伍。目前，全院拥有中国科学院和中国工程院院士5名，一大批科技人员获得了“百千万人才工程”、“杰出专业技术人才”、“有突出贡献中青年专家”、“国务院政府特殊津贴”等称号。

50年来，中国林科院努力加快科技创新体系建设和科技产业发展，全院综合实力不断增强。目前，已经拥有19个专业研究所、研究中心和1个研究生院，多个部级开放性重点实验室、国家工程实验室、国家工程技术（研究）中心、国家级林业实验基地、陆地生态系统定位观测站。同时，全院科技产业蓬勃发展，产业规模扩大，产值总量持续增加，经济效益稳步提高。

50年来，中国林科院不断加强国际合作交流，致力于建设开放型、国际型的研究机构，先后与56个国家和51个国际组织建立了多层次的合作与交流渠道，签署了科技合作协议。许多科技人员在国际学术组织中担任重要职务，有力地提升了我国林业的国际影响力。

在隆重纪念建院50周年的喜庆日子里，我们回顾中国林科院走过的历程，更加感到创业充满艰辛，成就来之不易。无论在什么时期，广大科技人员都坚定信念，牢记使命，呕心沥血，顽强拼搏，为中国林科院的发展积淀了厚实的基础，形成了一种自强不息、艰苦奋斗的创业精神，一种与时俱进、开拓创新的进取精神，一种顾全大局、团结协作的奉献精神，一种实事求是、尊重规律的科学精神。正是有了这些精神，中国林科院才能在50年的发展历程中，战胜一个又一个困难，取得一个又一个胜利。

50年的历史证明，中国林科院不愧为我国林业科技进步的排头兵，不愧为林业科技研发的主力军，也不愧为林业发展的人才库。完全可以这样说，在我国林业发展史上，中国林科院已经写下了浓墨重彩、灿烂辉煌的一页。50年的光辉历程，正激励着一代又一代科技工作者为我国林业事业贡献聪明才智！

当前，气候变暖、土地沙化、水土流失、干旱缺水、物种减少等生态危机正严重威胁着人类的生存与发展。林业是生态建设的主体，具有巨大的生态功能、经济功能和社会功能，承担着建设森林生态系统、保护湿地生态系统、改善荒漠生态系统、维护生物多样性的重要任务。随着全球生态危机的不断加剧，林业越来越成为全球关注的热点，成为国际上高级别会议的重大议题。加快林业发展，充分发挥林业在维护生态安全、应对气候变化等方面的巨大功能，已经成为世界各国的共同选择和紧迫任务。党的十七大作出了建设生态文明的重大战略决策，明确提出到2020年要使我国成为生态环境良好的国家。这对林业发展提出了新的更高要求，赋予了林业新的重大使命。当前，我国正在全面推进现代林业建设，努力建设完善的森林生态体系、发达的林业产业体系和繁荣的生态文化体系。在发展现代林业、建设生态文明的伟大进程中，广大林业科技工作者肩负着重大而光荣的历史使命。中国林科院作为国家级林业科研机构，要继续坚持围绕“一个目标”、发挥“四个作用”不动摇，坚持不懈地努力奋斗，再创新的业绩。

围绕一个目标：就是要紧紧围绕创建世界一流林业科研院所这个目标，加强科学技术研究和推广应用，切实提高林业建设的质量和效益，全面开发和提升林业的多种功能，不断满足社会的多样化需求，为发展现代林业、建设生态文明、推动科学发展，为维护全球生态安全、应对全球气候变化，作出新的更大贡献。

发挥四个作用：一是要在自主创新上发挥先锋队和主力军作用。要加强原始创新、集成创新和引进吸收消化再创新，努力解决制约我国林业发展的关键技术问题，为现代林业建设提供基础理论和技术支撑。二是要在科技与生产结合上发挥示范作用。要把服务林业生产作为林业科技工作的出发点和落脚点，加强技术推广、成果转化、科技示范、技术培训，把最新的科技成果和实用技术应用到林业生产一线，为林业发展和农民增收发挥示范带动作用。三是要在体制机制改革上发挥带头作用。要探索建立现代科研院所的管理体制和运行机制，优化科技资源配置，调动科技人员的积极性、创造性，争取多出成果，出好成果，出大成果。四是要在队伍建设上发挥表率作用。要加强班子和队伍建设，大力弘扬求真务实精神，树立尊崇科学、敢于探索的科学道德，把中国林科院建设成为名副其实的国家队和排头兵。

同志们，在发展现代林业、建设生态文明的新形势下，中国林科院责任更加重大、使命更加光荣。让我们紧密团结在以胡锦涛同志为总书记的党中央周围，高举中国特色社会主义伟大旗帜，以邓小平理论和“三个代表”重要思想为指导，深入贯彻落实科学发展观，发扬传统，牢记使命，抓住机遇，顽强拼搏，努力把中国林科院建设成为世界一流的林业科研院所，全面提高我国林业科技发展水平，为发展现代林业、建设生态文明、夺取全面建设小康社会新胜利作出新的更大贡献！

贾治邦

国家林业局局长
中共国家林业局党组书记
2008年10月27日

前　言

中国林业科学研究院1958年10月27日成立以来，在党中央、国务院的亲切关怀下，在国家林业主管部门的正确领导下，已成为一个拥有19个研究所（中心）、1个研究生院、3个博士后流动站，职工5 600余人，学科齐全、体系完备，在国际上具有重要影响的国家级科研机构。中国林科院的主要任务是从事林业应用基础研究、战略高技术研究、社会重大公益性研究、技术开发研究和软科学研究，着重解决国家林业发展、生态环境和推进林业现代化建设中带有综合性、基础性、关键性和全局性的重大科学技术问题，为国家宏观决策提供科学依据。

建院以来，几代林科人为了我国林业科学研究事业的蓬勃发展，呕心沥血、艰苦奋斗、开拓创新，取得了一大批重要成果。据统计，全院共获得科技成果2409项，先后获国家科技进步特等奖1项（1996年）、一等奖4项，国家自然科学奖2项，国家发明奖5项，国家科技进步二、三等奖65项。与此同时，一批重大科技成果推广应用与产业化，取得了明显的经济效益、社会效益和生态效益。多年来，中国林科院坚持面向生态环境建设，为国家生态安全作出了重要贡献；坚持面向林区、山区、沙区和贫困地区，为脱贫致富开辟了新路；坚持面向资源可持续开发利用，为林业产业的发展注入了不竭动力；坚持面向宏观决策，为国家重大林业政策、规划的制定提供了科学依据。

50多年来，在中国林科院的人才队伍中，有陈嵘、郑万钧、吴中伦、唐燿、成俊卿等一批国内外著名科学家，他们在树木学、森林地理学、造林学、森林生态学和木材学等学科领域取得了举世公认的杰出成就。建院后，特别是改革开放后，徐冠华、唐守正、蒋有绪被评为中国科学院院士，王涛、宋湛谦被评为中国工程院院士，他们在遥感应用科学、造林学、森林经理学、森林生态学和林产化学等学科领域作出了备受钦佩的重大贡献。目前，在全院1600多名科技人员中，有高级研究和管理人员700余人，组成了一支梯队合理、结构优化的以中青年为主的科技队伍。他们默默耕耘，埋头苦干，不少科技人员已在林业科学的有关领域显露锋芒，成为新一代林业科技的骨干力量，为林业科技开拓创新奠定了坚实的基础。

中国林科院建院以来所取得的成就，是历任领导班子、几代专家学者和广大干部职工共同努力奋斗的结果。为了见证中国林科院走过的风雨历程，传承老一辈科学家求真务实、锲而不舍的科学精神，展现当代林科人开拓进取的精神风貌，我们于2008年整理编写了《中国林业科学研究院五十年》，在此基础上于2009年又编撰了《中国林业科学研究院院史》一书（约125万字，分四篇四十二章共225节），使历史资料和主要内容更加完善。2010年2月4日，召开了《院史》编委会会议，会议在原则通过了《院史》后，还建议续写中国林科院《院史》简本。简本是《院史》的摘要或缩减，使内容更加简明扼要，重点突出。简本约23万字，分四篇二十二章共53节。《院史》不仅可以继承发扬优良传统和在工作中得到启迪和借鉴，有助于促进中国林科院科技事业的发展，而且可以分析过去的不足，吸取精华，弃其糟粕，更好地耕耘中国林科院这块园地。总之，编写《院史》对总结过去、展望未来、研究林业科技的发展规律和未来趋势具有重要意义，对激励后人见贤思齐，攀登新的高峰具有深远影响。

过去的历史是中国林科院创业、奋进、改革、发展史。它将激励我们进一步深入贯彻落实科学发展观，继往开来，与时俱进，努力把握林业科技发展前沿，提高科技创新能力，构建创新文化环境，搭建服务平台，加速人才培养，促进多出成果，争创世界一流林业科研院所，以更加优异的成绩去续写新的辉煌！

张守攻

中国林业科学研究院院长

中共中国林业科学研究院分党组书记

2010年8月

目 录

第三篇 研究机构

第四篇 人物与成果

附 件

第一篇　发展历程

第一章　中国林业科学研究院前身
（1912～1958年）

中国林业科学技术进入19世纪末20世纪初，在中西科学技术交融的背景下得到了一定的发展，林业研究机构应运而生。

第一节　中央林业部林业科学研究所（简称中林所）成立之前阶段（1912～1951年）

一、林艺试验场西山造林苗圃（1912～1946年）

1911年（清宣统三年）爆发的辛亥革命推翻了清王朝，建立了共和制的中华民国。据查证，1912年（中华民国元年）七月初五第六十六号政府公报中称：据农林部派人踏勘天坛建林艺试验场最为相宜。同年九月，中华民国政府农林部在北京天坛设立林艺试验场。1913年（中华民国二年）设立农林部林艺试验场西山造林苗圃，位于北京西郊董四墓村东小府2号（即现中国林科院院址）。1933年（中华民国二十二年）改为实业部北平模范林场西山分场。日伪时期（1937～1945年）为西山林场和农务总署西山林场。1946年（中华民国三十五年）被国民政府农林部中央林业实验所接收，改称中央林业实验所华北林业试验场西山第一事业区。

二、中央林业实验所（1941～1949年）

重庆国民政府农林部决定于1941年设置中央林业实验所（重庆歌乐山，占地33.3公顷），原中央农业实验所森林系并入，负责全国的林业实验研究。中央林业实验所成立时，任命韩安为所长，邓叔群、朱惠方、傅焕光先后任副所长。初建时仅设造林研究组（初设于甘肃岷县）、林产利用与调查推广（设于四川重庆）3个组。中央大学教授梁希义务兼任林产利用组主任。该所的主要业务为：造林、水土保持、药用植物、木材利用、林产制造的实验研究、林业调查、采制标本、培养和推广苗木、示范造林等。1946年夏，中央林业实验所迁至南京。1947年在南京太平门外总理陵园管理处西北区樱坨村（老林校），人员规模约100人，先设置造林系、森林经理系、木工系，后发展成7个系。

1946年中央林业实验所迁到南京后，接收了一些日伪时期的林业机构。在南京有汤山、东善桥、龙王山、栖霞山等林场；在华北有农务总署西山林场、华北农事试验场林业科等5个单位，并在此基础上组建中央林业实验所华北林业试验场，试验场先后设有造林系、推广系、木材工艺系、水土保持系、林产制造系、林业经济系。中央林业实验所直属单位还有华南林业实验场（海南）、常山种植实验场（四川）、河南嵩山示范林场。

该所成立后，做了不少研究工作。如造林研究方面，在该所附近的苗圃中有中外树种10种，苗木25万余株，水杉的育苗和栽植均取得成效。在水土保持研究方面，收集有价值的保土植物有100余种。在木材工艺、林产制造等方面也做了不少工作。研究所工作取得初步成效。

中华人民共和国成立后，该所部分人员参加了中央林业部林业科学研究所的筹建工作，另有部分人员留在南京和去了台湾等地。

三、中央工业试验所木材试验室（1939～1950年）

1939年9月，国民政府经济部中央工业试验所创建木材试验室，负责全国工业用材的试验研究，唐燿任室主任，这是中国第一个木材试验室。

1940年8月，木材试验室从重庆迁至乐山，1942年扩建为木材试验馆。木材试验馆的试验和研究范畴分为八个方面：①中国森林和市场的调查以及木材样品的收集。②国产木材材性及其用途的研究。③木材的物理性质研究。④木材力学试验。⑤木材的干燥试验。⑥木材化学的利用和试验。⑦木材材性的研究。⑧伐木、锯木及林产工业机械设计等的研究。在上述八个方面，都做了不少研究工作，取得了初步成果，还培养了一批木材学方面的人才。

1950年7月，乐山木材试验馆隶属政务院林垦部，并改名为政务院林垦部西南木材试验馆。

第二节　中林所至中国林科院成立阶段（1951～1958年）

一、中林所时期（1951～1956年）

北平解放后，原华北荒山造林试验场（西山普照寺）、华北林业试验场先后并入华北农业科学研究所森林系。1950年该系移交林垦部。1951年梁希部长主持的第三次林垦部部务会议决定在森林系（50余人）的基础上筹建中央林业实验所。筹委会由张庆孚、黄范孝、周慧明、张楚宝、吴中伦、江福利、贺近恪组成。1951年春（在东小府2号）开始基本建设，经过两年建成了东楼、西楼、红楼、大门、传达室、水塔、锅炉房等。1952年，中央林业部将西南木材试验馆（20多人）迁京并入中林所筹委会，又从哈尔滨东北森林工业局化工处调入10多人到北京，此时筹委会已达90多人(干部60人)。

1952年12月22日经林业部第十二次部务会议讨论批准，中央林业实验所改称为中央林业部林业科学研究所，于1953年1月1日正式成立。

1953年1月26日林业部第二次部务会议，对中林所今后工作做出以下决定：一是筹备阶段已经结束，应由原筹委会作出总结。二是确定1953年的科研重点为：造林技术研究、病虫害防治、木材物理力学性质之测定。三是中林所的领导关系，由梁希部长直接领导。同年 2 月 21 日上午召开中央林业部林业科学研究所全体人员大会，宣布中林所正式成立。业务方面成立造林系、木材工业系、林产化学系、编译委员会。1954 年 9 月共有职工 171 人。

中林所成立时，所领导由所长陈嵘，第一副所长陶东岱，第二副所长唐耀共 3 人组成。1956 年，所长办公室下设 7 个科室，室下有 19 个组。

1953 年 2 月 15 日，在梁希部长的陪同下，朱德副主席来所视察，陈嵘所长接待。朱副主席指示，尽快绿化西山，小西山一带尤应先行着手。为此，中林所开设了《西山山丘地带造林方法的研究》课题，以配合西山绿化工作。

中林所成立初期，主要任务是根据国家经济建设和林业生产以及林业部有关司局对林业科学技术的要求，确定课题，组织力量，完成科研任务，切实解决林业生产上的重大问题。中林所 1953 年开始工作时，仅有 9 个研究题目，1954 年增至 16 个，1955 年增至 22 个，1956 年增至 87 个，增长速度处于稳定上升阶段。

1955 年，提出了今后林业科学研究工作，应服务于林业建设，以生产实践中存在的具体问题作为主要任务。研究内容包括：①造林方面。造林重点建设项目中的理论与技术问题。包括营造用材林，特种经济林，防护林及研究树种的林学特性等。②护林方面。护林防火和病虫害（如松毛虫、心腐病等）的防治等问题。③经营方面。调查设计，森林抚育和更新问题。④森林工业方面。木材的合理利用、木材的性质、木材加工等问题。建所后，根据国家过渡时期林业建设的需要，拟订了《林业科学技术研究十五年远景规划》和《中林所今后研究工作发展方向》(初稿)。林业科学技术十五年远景规划在 1956 年由国家科学规划委员会纳入了全国十二年科学规划中。根据编制的《1956～1967 年科学技术发展远景规划纲要》，关于组织全国有关科学研究力量，协同研究林业方面的各种问题并培养新的林业科学人才的精神，中林所决定在有关院校设立林业科学研究室。先后在华南农学院林学系等设立 8 个研究室。研究室成立后不久，全国即开展反右斗争。由于反右斗争扩大化，此项工作进展不大。在 1958 年中国林科院筹备时，根据中央事权下放的精神，同时便于地方统一领导和在全民中开展技术革命、发挥各地方的积极性，林业部于同年 7 月 4 日行文，将上述研究室下放该省领导，研究室购置的仪器设备、图书资料也同时下放。

二、中林所分为林研所和森工所时期（1956～1958 年）

林业部 1956 年 8 月 28 日第 9 次部务会议决议，为了适应林业部已分为两个部的情况和工作需要，林业科学研究所决定分为两个所〔林业研究所（简称林研所），森林工业研究所（简称森工所)〕。林研所设有 4 个研究室，1957 年增加到 11 个研究室。森工所从林研所分出后研究单位由原来两个室扩建为三个室、两个组，即：木材构造及性质研究室、木材机械加工研究室、林产化学研究室、木材采运研究组、森工经济研究组。林研所的主要任务和发展方向：扩大和保护森林资源，提高森林生长率。森工所的主要任务和发展方向：研究木材采运、木材基本性质及其使用与加工，并研究林产品的加工利用，达到充分地合理地利用森林资源的目的。

1957 年 7 月成立的国家科委林业组，是这个时期领导和协调全国林业科技工作的重要机构。林业组组长：邓叔群；副组长：张昭、郑万钧、周慧明；组员：王恺、朱惠方、刘慎谔、李万新、齐坚如、侯治溥、陈嵘、陈桂陞、秦仁昌、韩麟凤，秘书组设在林研所。

两所分开不久，1957年即开始整风反右，部分工作停顿。后根据领导和群众提出的意见，两所重新研究了工作任务与重点。其指导思想是：科研工作必须密切结合生产，解决关键性的科学技术问题，使科研成果应用到生产中去，并对生产经验进行科学总结，发展和丰富科学理论。

林业与森工科学研究的重点方向和任务是：

（1）有关重要造林地区的树种特性，造林和营造技术，提高造林成活率。

（2）防止和消灭森林主要病虫害和火灾的有效技术措施，保护现有森林资源。

（3）主要林区森林的主伐方式和更新方法，以保证合理经营和森林更新。

（4）鉴定国产主要建筑用材性质，以指导造林树种的选择，找出木材合理使用的科学依据。

（5）研究利用阔叶树材、废材、等外材制造各种人造板及延长木材寿命，改良木材性质，以提高木材利用率。

（6）研究木材废料及主要森林副产品的化学加工利用，以增加各种工业原料。

（7）对不同林区木材采运生产方式的研究，积极建立科研基地。

从中林所到分为两个所，取得的主要成就有：一是注重野外调查，总结群众经验。中林所成立后，在野外进行调查和总结群众经验成为风气，大多数科技人员在点上工作，结合调查和研究群众经验，如对秦岭森林植物群落的调查研究，西北防护林营造技术、北京西山造林技术、长白山林区主要树种更新技术、黄河中游永定河上游造林技术和水土保持技术的调查研究等等。二是开展科学研究，取得初步成果。1953～1958年这一时期，科学研究工作走向正轨，并围绕国家经济建设和林业发展的需要，用科研与生产结合的思想进行选题。如1954年，长江流域发生洪水灾害，组织人员赴灾区深入调查树木受淹后的生长情况，写出了《1954年长江流域洪水后树木淹水力强弱的调查报告》，这对洪涝灾害后造林树种的选择有重要的指导作用；依据杉木的生态特性和生长发育规律，提出多种栽培措施，为南方杉木林区提供了栽培技术，编制了杉木等树种的材积表；开展对马尾松毛虫的防治研究。森工方面，木材物理力学试验得出一批数据，被生产单位广泛应用。这个阶段，课题组撰写了一批研究报告，1953～1956年共发表51篇。三是采取各种措施培养科技人员。1953年以后，培养人才力度进一步加强，主要采取举办培训班；聘请国外著名专家来所讲学；邀请国内如中国科学院、中国气象局等单位的专家共同调研；选派人员出国深造；积极争取国外学成归来的人员，从其他有关部门调来一批科技骨干人才，建立科研基点、基地、工作站等方式，让科技人员在第一线蹲点搞科研。1957年，为适应科技发展的形势，向苏联派出一批人员，取得较好效果。四是加强科研管理，完善规章制度以及征购土地等。

科技成果方面：在全国科学技术研究成果公报上刊登的科技成果共18项。如北京西山造林整地方法。在北京西山进行了两次整地方法试验，研究水平沟、水平阶、块状、穴状等不同整地方法土壤水分的年中变化及其与幼林生长关系。通过小区试验和北京小西山造林经验，肯定了水平沟（亦称水平条）整地有诸多优点。又如应用杀虫烟剂防治马尾松毛虫及黄脊竹蝗方法。研制成林研－5786杀虫烟剂和（6）Ⅲ－A杀虫烟剂在林间应用防治效果好。对马尾松毛虫3～4龄幼虫所致平均死亡率在83%以上，防治黄脊竹蝗3～4龄跳蝻，可达100%的死亡率。还有国产建筑用木材的允许应力和计算强度，就当时我国38种木材强度的试验数据，参照国外有关资料所采用的各项系数比较分析，推导出各种木材的允许应力；并根据国外有关按极限状态计算方法中影响木材强度有关的系数，得出各种木材的计算强度，一并简化为计算时所用的系数。

第二章 中国林科院创建与发展阶段

（1958～2008年）

第一节 机构变迁

1958年9月10日，林业部报请国务院科学规划委员会，要求成立中国林业科学研究院。国务院科学规划委员会于1958年10月20日复函林业部："同意正式成立林业科学研究院，并将你部所属林业科学研究所、森林工业科学研究所和筹建中的林业机械化研究所交由该院领导。"10月27日林业部将批复抄送中国林业科学研究院筹委会。遵照批复，中国林业科学研究院（简称中国林科院）于1958年10月27日正式成立。

1958年11月经林业部批准，成立中国林科院第一届党委会，党委会由9人组成，张克侠任书记。

1959年2月20日林业部转发中央1959年1月6日通知，任命下列院级领导：

张克侠同志兼中国林业科学研究院院长；张昭同志兼中国林业科学研究院副院长；荀昌五同志兼中国林业科学研究院副院长；陶东岱同志任中国林业科学研究院秘书长；李万新同志任中国林业科学研究院副秘书长兼森林工业科学研究所所长。1962年调南京林学院院长郑万钧同志到院任副院长；1963年调北京林学院院长李相符同志任副院长；1963年8月任命中国林科院党委书记、原林业部机关党委专职书记张瑞林同志为副院长；1964年9月任命原秘书长陶东岱同志为副院长。

一、创建与发展阶段的组织机构（1958～1966年）

1959年的组织机构中，院直属研究所（室）有：林业研究所，下设4个研究室；森林工业研所，共设4个研究室；经济研究室，下有3个研究组；林业机械研究室，下设4个研究组。院职能部门有行政办公室、计划室、情报室、设备供应室。同年，林业部建设局将直属的综合调查队，按原建制移交中国林科院领导，名称改为林研所综合考察队。

1960年6月成立了南京林业研究所；在北京成立林业经济研究所（1995年归林业部领导）、林业机械研究所〔1963年归林业部机械局管理，1965年抽调80余人去黑龙江，分为东北林机所（哈尔滨林机所前身）和北京林机所〕；林化研究室与接收的上海林化室合并，在南京扩建成林产化学工业研究所；森工所改建成木材工业研究所；同年9月又成立了院直属新技术应用研究室。

1962年6月，中国科学院云南紫胶工作站划归中国林科院领导后，扩建成紫胶研究所（1988年该所更名为资源昆虫研究所）；同年8月，在海南岛成立热带林业试验场（翌年变为站）。

1963年11月接收北京九龙山林场，扩建为院九龙山实验林场（1969年7月将九龙山林场移交北京市管理，1979年仍回中国林科院林业所管理，1995年改为中国林科院华北林业实验中心）。同年将黑龙江林业科学院的林业机械化、综合利用、森林经营三个研究所，划归中国林科院领导。原综合利用研究所有关林化部分并入南京林化研究所。有关木工部分和木材工业研究所划出的制材部分合并，于1963年12月11日在哈尔滨扩建为中国林科院木材工业研究分所。

1964年1月将南京林业研究所迁往浙江富阳改建成亚热带林业试验站；在哈尔滨成立木材采伐运输研究所；同年3月在原情报室的基础上成立林业科学技术情报研究所。1965年3月林研所航空化学灭火室划归林业部森林保护司领导，并迁往黑龙江省嫩江县，但业务工作仍由院管理。1966年3月该室与中国科学院林土所防火室合并，扩建成中国林科院森林防火研究所。至此，中国林科院已拥有林业、木工、林业经济、情报、林化、紫胶、采运、木工分所、森林防火研究所、新技术室、亚林站、热林站12个研究所（站、室），职工1600余人，其中科技人员1100多人。院职能部门有：院长办公室、计划室、总务处，成立中共中国林科院政治部，下设干部部、宣传部、组织部和办公室。

二、挫折与停滞阶段的组织机构（1966～1978年）

“文化大革命”开始后，中国林科院的科研工作几乎停顿。1966年9月，院分党组召开扩大会议，研究抓革命、促生产和接待外地来京革命串联问题。决定组成两套班子抓革命和抓生产、业务，并进行了人员分工。1967年10月林业部军管后，派军代表进驻中国林科院。1968年9月，中国林科院革命委员会成立。同年10月24日，林业部军管会同意中国林科院革委会先派出十余名同志去广西邕宁县，接收砧板农场和准备干部下放劳动的工作。此后砧板农场即成为中国林科院“五七”干校，大批干部陆续下放去干校。

1969年9月，院里派出第三批“五七”干校学员，院长张克侠、副院长郑万钧、张瑞林均去了“五七”干校，同年9月，中国林科院广西砧板“五七”干校革委会成立，当时学员数量已达580人。

1970年8月，中国林科院与中国农科院合并，成立中国农林科学院。合并后，提出了中国农林科学院体制改革方案，经批准中国林科院的机构保留120人。至此，中国林科院原机构、人员大部分下放或撤销；同年木材所、热林站、亚林站、情报、紫胶所、新技术室下放（或部分下放）给地方；林经所建制撤销，人员分散。

1971年林研所下放河北省，就地解散；林化所也下放了一批人员；未下放到各省的干校学员从广西迁至辽宁省兴城与原中国农科院干校合并。这样，从整体上看机构被解体，科研工作处于瘫痪或半瘫痪状态。中国林科院多年积累的资料、标本和仪器设备，受到严重破坏，试验厂房的机器大部分被拆，造成不可弥补的损失。

1973年干校学员陆续回到北京，4月10日，中国农林科学院建立林业研究所筹备组（1977年农林部下文暂定为“中国农林科学院森林工业研究所”）。1975年6月，经农林部批准，中国农林科学院河北林业研究所筹建（即中国农林科学院林业研究所）。1976年7月15日原林科院林化所更名为中国农林科学院林产化学工业研究所。1977年7月农林部函河北省革委会：支持中国农林科学院林业研究所、木材工业研究所在保定市进行筹建，两所定为地师级，编制分别为200人和190人。

三、改革与创新阶段的组织机构（1978～2008年）

1977年12月中国林学会召开学术会议时，中国林学会理事长张克侠同志和全体代表写信给方毅同志并报邓小平副主席，建议农、林两院分开，理由是：林业科学研究的范围广，实现现代化的任务很重，需要有一个中央一级的林业科研机构，除负责研究林业方面重大课题外，同时负责组织、协调和指导全国林业科学研究工作的开展。中国林学会、原中国林科院的一些老同志积极组织专家呼吁，要求尽快恢复中国林科院。中国农林科学院应分成农、林两院，以加速林业科学事业的发展。时任中国农林科学院党的核心小组成员、原中国林科院副院长陶东岱同志殚精竭虑多次向国务院和农林部以及北京市等有关领导汇报农林两院分开的意见。张克侠同志、陶东岱同志和两所在京参加林业科学规划会议代表还反映了林业研究所和木材工业研究所长期不能正常开展科研工作的问题。林研所研究员萧刚柔同志要求解决该所的工作条件。邓副主席在这些报告上，先后作了两次重要批示。另外方毅副总理对"文化大革命"时拆散的科研单位非常重视，指示被不合理拆散的科研机构，争取尽快恢复。经过不少同志的努力和有关单位的大力支持，恢复中国林科院建制问题取得重大进展。

1978年3月经国务院批准恢复了中国林科院及其所属的大部分研究所。4月25日中国林科院领导机关和林业所、木工所迁回中国林科院原址办公，中国农林科学院森工所的人员分别并入相关研究所。5月4日召开了恢复中国林业科学研究院大会，5月9日又召开了职工大会，宣布院的机构设置和人事安排。任命梁昌武为中共中国林科院分党组书记，郑万钧为院长。到1979年底，中国林科院已有10个研究所（林业、木材、林化、哈林机、北林机、林经、热林、亚林、紫胶、情报）和3个实验局（磴口、大青山、大岗山），院职能部门有二室（院办公室、机关党委办公室），8处（人事、保卫、外事、科研管理、财务、物资、基建、行政处）。

1979年经批准分别建立了中国林科院内蒙古磴口实验局（1990年更名为沙漠林业实验中心）、江西大岗山实验局（1990年更名为亚热带林业实验中心）、广西大青山实验局（1990年更名为热带林业实验中心）。1979年中国林科院成立保定苗圃。1980年增设纪委和研究生部。同年哈尔滨林业机械研究所、北京林业机械研究所划归林业部机械公司领导。

1982年经林业部党组批准改院分党组为院党委，杨文英任中共中国林科院党委书记，黄枢任中共中国林科院院长。1986年又改为院分党组，任命刘于鹤为中共中国林科院分党组书记、院长。1989年院分党组撤销改为党委。1992年又恢复院分党组，任命陈统爱为院长、中共中国林科院分党组书记。

1982年院林业经济研究所收归林业部直接领导，改名为林业部经济研究所，同年林业经济研究所又归院领导。

1984年成立森林调查及计算技术开发研究中心（1988年扩建并改名为资源信息研究所），1985年成立院分析中心。

1994年2月成立森林保护研究所，3月成立森林生态环境研究所。1998年中国林科院决定对内将森林保护研究所与森林生态环境研究所合并成立森林生态环境与保护研究所，2005年两所正式合并为中国林科院森林生态环境与保护研究所。1992年12月和1995年12月由林业部科技司归口管理的林业部泡桐研究开发中心和桉树研究开发中心交由中国林科院归口管理。同年5月，林业科学情报所更名为林业科技信息研究所。

1995 年林业经济研究所归林业部领导，扩建成林业部林业经济研究中心。同年 1 月林业部竹子研究开发中心委托中国林科院管理。

1996 年任命江泽慧为院长、中共中国林科院分党组书记。

2001 年哈尔滨林机所和北京林机所归中国林科院管理。2002 年，国家林业局批复同意中国林科院与国际竹藤网络中心共同组建研究生院。2005 年国家批准成立林业新技术研究所。

2006 年任命张守攻为院长、中共中国林科院分党组书记。

2008 年底止，中国林科院下设 19 个所（中心）、1 个研究生院、3 个博士后流动站。有职能和非职能部门 11 个。全院职工共 5595 人，其中在职职工 2780 人。有院士 5 人，国务院参事 2 人，博士生导师 92 人，享受政府特贴 200 人，国家和林业部有突出贡献的中青年科技人员 40 人次，列入国家级百千万人才工程的 12 人，全国杰出专业技术人才 3 人，在职研究员 191 人、副研究员 518 人。有黑龙江分院等 12 个联合共建单位；先后与北京、天津、上海、河南、河北、内蒙古、广西、江西、青海、浙江、甘肃、湖南、安徽、四川、贵州、海南、福建、吉林、云南、湖北 20 个省（自治区、直辖市）人民政府以及福建省南平市、河南省南阳市等地、县级人民政府签订了全面科技合作协议。经国家和林业部（国家林业局）批准，中国林科院还挂靠建设有国家油茶科学中心等 37 个国家级非常设业务机构，对推动科技服务和咨询决策工作起了重要作用。

第二节　科研工作

50 多年来，院科研工作在确定研究方向，制订规划、计划，开展课题管理、成果推广、标准专利等方面做了大量工作，取得很大成绩。截至 2008 年底，共取得主要科技成果 2409 项，全院共取得重要科技奖项 530 项次，先后出版专著、编著、译著 500 余部，发表论文 10000 多篇。

一、发展历程

（一）初创与发展阶段（1958～1966 年）

建院之初的科研工作，一是依据国家林业生产发展的要求承担林业科研课题，推广科技成果。在此期间，全院共开展了 800 项（年次）林业研究课题，平均每年 100 项，提出研究报告 600 多篇。国家科委在“科学技术成果”公报上发表的中国林科院成果有 88 项。二是对全国林业科学研究工作统一规划，组织重大项目协作。组织科技人员对林业生产和科技工作提出建议，促进林业生产的不断发展，提高林业科学技术水平。协助林业部召开了五次全国性的林业科技工作会议。1959 年 2 月在北京香山召开的第一次全国林业科技工作会议上，建立了中央和地方林业科研单位分工协作和经常联系制度。随后的几次会议，内容有：研究贯彻中共中央《关于自然科学研究机构当前工作的十四条意见》，讨论林业科研发展的长远规划，协调年度科研计划等。这几次会议对促进林业科研体系的建立，推动科研与生产结合起到了重要作用。

（二）挫折与停滞阶段（1966～1978 年）

1966 年全国开展“文化大革命”，林业科研工作遭到严重破坏。1970 年中国林科院与中国农科院合并，院属各所下放地方，仅留下极少数科技人员组成科技服务队到林业生产基层单位接受再教育，开展一些林业科技普及和推广工作。1972年国务院在北京召开"全国农林科技座谈会"，这次会议要求下放的研究所有的也要承担全国性科研任务。会上，林业方面安排了3个项目。中国林科院科研人员克服重重困难，与林业生产基层单位协作，开展研究工作，作出了一定的成绩。1978年春，全国科学大会召开，在会上表彰了一批建国以来的优秀成果，中国林科院获得全国科学大会奖的成果有23项。

（三）改革与创新阶段（1978～2008年）

在这个时期，中国林科院认真贯彻党中央国务院的指示精神，科研工作走上健康发展的轨道。1978年邓小平在全国科学大会上提出"科学技术是第一生产力"。20世纪80年代，国家提出"依靠、面向、攀高峰"的方针，1995年提出"科教兴国"战略，跨入21世纪又提出"自主创新、重点跨越、支撑发展、引领未来"的科技指导方针，在这些方针的指引下，中国林科院的科研工作取得长足进展。

1978年院恢复建制后，院、所各级领导认真进行调整、整顿工作。在科研方面，重新制定各项规章制度，建立学术委员会，清理现有科研课题，集中力量，保证重点科研项目的完成。1978～1980年间，年平均开展课题研究110项，三年共鉴定成果63项。1981～1985年的第六个五年计划期间，全院面向林业生产实际，承担国家科技攻关等重点课题任务，取得研究成果178项。许多科技人员参与了《中国树木志》、《中国森林》、《中国农业大百科全书·林业卷》的编写，为提高林业科技水平作出了贡献。"七五"期间，全院承担重点科研课题351项，其中主持和参加国家科技攻关专题60项，林业部重点课题63项。取得科技成果306项，获得各种奖励137项次，其中国家科技进步一等奖1项，二等奖3项。同时建立一批试验林、示范林、为持续出人才、出成果打下了良好基础。

"八五"、"九五"期间，中国林科院科研工作发展迅速。此间，全院平均每年承担各类纵向科研项目200项。其中承担和参加"八五"科技攻关专题46项，占林业系统30%，"九五"科技攻关专题35项，占林业系统39%。1991～2000年共鉴定科技成果545项。成果质量有大的提高，累计取得国家和省部级奖励250项次。其中，国家科技进步特等奖1项，一等奖2项，二等奖16项。

"十五"、"十一五"期间，我国林业现代化建设特别是生态环境建设进入一个全新的发展阶段，中国林科院的研究条件得到很大改善，科研工作围绕六大林业工程，以生态建设为中心，合理安排三个层次的科研工作，制定科研发展规划，实施科研项目，取得显著成绩。"十五"期间，全院共获得纵向国家科研计划项目890项，获准课题合同经费近4.86亿元，科研总经费比"九五"增加55%。在国家科技攻关等项目领域持续保持优势地位，承担攻关计划34项专题以上课题。获准82个国家自然科学基金项目。"十五"期间，全院共有370项科研课题通过验收，190项科技成果通过鉴定，有24项成果获得国家级、省级科技成果奖励，其中：国家科技进步一等奖1项，二等奖5项。进入"十一五"，院科研工作继续大步向前。到目前共承担国家纵向科研计划项目509项，获准课题合同经费6.23亿元。"十一五"期间，中国林科院承担林业科技支撑计划项目课题（专题）有61项，占林业行业总课题数的一半以上。已获准85项国家自然科学基金项目。2006～2008年3年间验收科研课题386项，87项科技成果通过鉴定，有13项成果获得国家级省级奖励，其中国家科技进步二等奖7项。

二、制定规划、计划，明确院科研工作的发展方向和任务

20世纪50年代，参与制定《1956～1967年科学技术发展远景规划纲要》（简称《科技12年规

划》），其中第47项提出：12年内林业科技的发展目标是解决扩大森林资源、森林合理经营和合理利用等方面的技术问题。60年代，按照国家科委的部署，组织全国林业专家制定《1963～1972年科学技术发展规划》（简称《十年规划》），规划提出现有森林合理经营研究；用材林经济林培育技术研究；防护林营造技术研究；森林保护研究；营林机械化机具研究；木材、林化产品加工技术研究；紫胶研究等23项林业研究课题。在"科学研究为生产服务"原则指导下，中国林科院贯彻《科研十四条》，围绕《科技12年规划》和《十年规划》提出的林业课题研究，开展了一系列的科研工作。

1978年恢复建制后，贯彻林业部党组关于机构调整指示，明确了院、所（局）的方向任务。提出中国林科院基本任务是：研究解决我国在"保护和管理好现有森林、大力开展植树造林，合理利用森林资源"等方面的科学技术问题和经济政策问题，院属各研究所要突出重点，分工协作，积极承担综合性的研究任务。

1985年编制的中国林科院"七五"计划纲要提出：院的任务是重点解决全国林业生产中具有重大经济和社会效益的科学技术问题，特别是带有全局性、综合性、关键性的科技问题，并为全国做好科学技术服务工作。院应当以应用研究为主，相应地开展应用基础研究，积极加强开发研究。提出要把林木速生丰产和加工利用等七项关系提高森林覆盖率、林业劳动生产率和林产品综合利用率的重点任务作为主攻方向，要及时将研究成果与国内外现有先进技术组装配套，建立样板，示范推广。

1989年，中国林科院"八五"科研项目规划大纲提出：20世纪90年代中国林科院的科研工作，要服务于林业建设主战场，要建立两大科研项目类群，一是侧重为林业生态体系建设服务的项目，如林业生态工程研究（包括：三北防护林工程体系营建技术、沿海防护林体系建设研究、农用林业研究、太行山造林绿化技术研究等）、防沙治沙研究等；二是侧重为林业产业体系建设服务的项目，如工业用材林定向培育和利用技术研究、经济林和竹林培育利用技术研究、薪炭林营造和利用技术研究、木材加工及综合利用技术研究、林产化学加工技术研究等。"规划大纲"同时强调要加强林业应用基础理论研究，大力发展软科学。

《中国林科院科研"九五"计划和到2010年长期规划》基本上延续"八五"计划的思路，强调重点发展10个学科，集中研究力量优先研究集约育林、森林与环境、林产品加工等主题项目、推广7项技术，搞好6个综合示范样板。

"十五"期间，在我国生态环境建设进入一个全新发展阶段的背景下，提出："十五"科技发展的主题一是创新，二是产业化。两个主题的基本内涵是：通过深化改革，建立新型机制、加快结构调整，优化资源配置，强化自主创新，增强综合实力。强调进一步加强应用基础研究和技术源头的原始创新，加强战略高技术研究与产业化，加强关键技术在重点领域的集成示范并提高显示度。"十一五"更提出以六项林业科学技术工程为载体，全面推进林业科技自主创新，为我国林业生态环境建设和林业现代化建设作出新贡献。

50年来，中国林科院在发展思路、战略目标和基本任务的定位上，体现了服务于林业发展大局，与时俱进的时代特点，同时把握了国内外科学技术发展趋势，使研究范围不断扩大，研究领域不断开拓，研究层次不断加深，研究水平不断提高，初步找到了一条具有中国特色的林业科技创新之路。

三、建立科技管理的规章制度

建院以来，尤其是改革与创新阶段，院十分重视科研管理各项规章制度的建立和修订工作。1978～2008年，全院颁布实施的与科研管理有关的规章制度43项。包括：科研计划管理、科技成果管理，科研经费管理和知识产权保护等。

1966年中国林科院制定了科研计划管理办法，共有十条。规定研究计划按专题编写，计划任务书由研究室提交所务会议讨论，报院审批。1979年作了修订，明确科研课题的确立、执行和结题程序，课题任务与事业费指标挂钩，科研人员提出课题建议，所、院批准，通过计划拨款取得经费。

1984年起，国家对科研单位实施有偿合同制的拨款制度的改革，要求科研单位多渠道的争取课题经费。为适应改革发展的需要，院计划管理办法作了7次修改，主要的改变有：院部管理部门从审核所（局）科研计划到协助所（局）申请科研项目，多方面争取课题经费；加强课题经费使用管理；搞好科研协作，协调好承担单位和参加单位的关系。

科技成果管理也随着国家科委（科技部）制订的管理办法的改变而作了修正。1978～2008年间共修订8次，内容包括科技成果的范围、成果鉴定应具备的条件和要求、成果鉴定方式、成果的登记上报、成果的奖励等。

科研课题经费管理在1978～2008年间共制、修订有6个。20世纪80年代后随着研究范围的扩大，经费数量增多，经费来源愈来愈多样化、科研课题经费管理日趋细化。2008年的经费管理强调预算管理，对经费合理使用起到重要作用。

随着全院科研工作的开展，取得大量的科研成果、专利、工程设计、产品设计图纸、计算机软件、植物新品种及著作、论文等智力劳动成果，为了有效保护知识产权，鼓励发明创造和智力创作，院在1999年颁布了《保护知识产权规定》，并在2008年制定了《中国林科院知识产权保护管理办法》。

四、各种类别科研项目的实施

（一）林业应用技术研究

中国林科院始终把服务于林业生产作为自己的首要职责，投入主要力量承担面向国民经济主战场的林业应用研究，为林业生态体系建设和产业体系建设提供技术支撑。国家科技攻关项目（2004年起改为“科技支撑项目”）是最重要的应用技术研究。中国林科院在1983～2008年共6个五年计划期间，承担专题以上研究课题240项，许多科技骨干在林业科技攻关中担任项目、课题、专题负责人，不仅发挥自身的专业优势，还组织院内外科技人员协同研究，取得成效。“十一五”期间，中国林科院承担国家支撑计划课题61个，有5位专家分别担任“林业生态建设关键技术研究与示范”，“商品林定向栽培及高效利用研究利用技术研究”、“防沙治沙关键技术研究与试验示范”、“速生丰产林建设工程关键支撑技术研究”、“森林资源综合监测技术体系研究”的项目负责人，有两位专家分别担任“农林动植物育种工程”、“农林重大生物灾害防控技术研究”项目中林业部分的负责人。除此之外，院开展的林业应用技术研究还有：《引进国际先进农业科学技术计划》（简称“948项目”）有241项，《农业科技成果转化项目》有93项，《林业公益性行业专项》有32项以及省、自治区、直辖市等地方委托的研究课题、横向合同课题等。

（二）基础研究和高新技术研究

加强基础研究并保证它的持续发展，是我国科技工作中具有重大战略意义的任务。由于种种原因，基础研究和高新技术研究一直是制约中国林科院科研发展的“瓶颈”，规模小，经费不足，力量分散。1989 年 3 月院召开第一次林业应用基础研究工作座谈会，提出：中国林科院作为国家林业研究的骨干队伍，应在保证科研主要力量投入科技攻关等第一层次工作的同时，依照规模适度，队伍精干，力量集中的原则加强林业应用基础研究。之后，采取了建立实验室，培养提高科研人员水平，设立院科技发展基金等一系列措施，使面貌有所改观。1996年之后，建立起一个国家工程实验室，10 个部级开放性实验室，20 个野外生态定位研究站以及种质资源保存基地等，同时还加强了树木园，标本室的建设。国家支持的应用基础研究项目数量增加。1996 年首次取得攀登计划一项《人工林木材性质及其生物形成与功能性改良机理研究》，1999 年后又争取到“973 计划”项目 3 项（树木育种的分子基础研究、西部典型区域森林植被对农业生态环境的调控机理、速生优质林木培育的遗传基础及分子调控）。国家自然科学基金项目 1987～2008 年间共获准 326 项。国家科委的科技基础性工作专项，科技基础条件平台建设专项和国家社会公益研究专项，1999～2008 年间共获准 96 项。院科技发展基金和院所长基金中对应用基础研究的支持力度也明显增加。通过研究，取得了许多成果和进展。

在高技术研究方面，1991～2008 年中国林科院共主持 863 项目 46 项，主要是在生物技术、新材料技术和信息技术领域具有前沿性、战略性的重大课题，还获得 6 个国家转基因植物研究与产业化专项课题。

第三节　成果推广与科技产业

一、科技成果推广

（一）发展历程

建院初期，科技推广的主要方式是深入林业生产第一线，总结群众经验，结合课题研究，建立试验示范林。1961～1965 年林研所在河南睢杞林场，开展农田防护林为主的速生丰产林培育试验，取得多项成果并示范推广，成效显著。经济研究所在东北林区总结“小工队”、“营林村”等经验，为探索国有林区提高经营管理水平走出重要一步。1971～1978 年，中国农林科学院的林业科技人员，以科技服务队的形式，到林区农村推广桐粮间作、杉木丰产技术等，也起到了很好的作用。20 世纪 80 年代后，科技成果推广走向多元化发展阶段，推广方式包括有：实施推广计划项目、建立基地、技术转让、对口技术服务、培训各类人员、提供咨询服务等。自 2000 年以来，通过管理机制创新，强化科技人员市场意识，搭建院地合作平台，自办企业，高新技术成果示范等，把科技成果推广工作提升到一个新的高度。

（二）科技成果推广方式与成就

20 世纪 80 年代后，中国林科院有近 800 项研究成果得到了推广应用，成果推广的方式主要有：

(1) 列入国家和部门的林业科技成果推广计划，通过实施项目推广科技成果。1978～2008 年，中国林科院承担国家、部门的科技成果推广计划项目有 559 项，其中国家级星火计划项目 41 项，科技成果重点推广计划项目43项，重点新产品计划项目14项和农业科技成果转化资金项目79项；林业部门的林业星火计划12项，林业新技术新产品中试计划40项，林业科技成果重点推广项目330项。1996年，国家推广项目“ABT生根粉系列的推广”获国家科技进步特等奖。通过该成果的推广，形成以成果推广带动研究技术开发的成果转化系统工程，建立起研发、推广、生产、人才培训、国际合作的良性循环运转体制，组织起1100万人的示范、推广、经销社会化服务体系，推广面覆盖了全国80%的行政县市，推广面积达1000万公顷，并同五大洲31个国家进行了合作。亚林所承担国家星火计划“竹林培育与加工”项目等，总结了该所在竹子种质资源，竹种选育、竹林培育、竹林专用肥料、竹子病虫害防治和竹子加工等方面100多项成果，在浙江的龙游，福建的南平以及江西、安徽、贵州的竹产区推广应用，产生的经济效益超过了百亿元。

（2）结合国家重大林业工程建设项目推广科技成果。中国林科院在1991年成立世界银行贷款项目科技推广办公室，组织科技人员，面向项目覆盖的20省（自治区、直辖市）的800多个县开展工作。主要包括：①设立马尾松、杨树、桉树等12个良种选育与栽培技术研究与推广课题组，取得82项科研成果，并及时推广应用。②开展管理与技术培训活动，举办中央级、省级培训班1448期（次），培训58606人（次），县、乡级培训班85256期（次），培训569.77万人（次）。③编制和传播管理与技术读物和音像制品2464种329万册。开办林业推广网站，方便快捷地传播管理与技术信息。④营建各类试验林、中试及示范林49363公顷；在山西省隰县、湖北省阳新县建立综合科技示范区。⑤组织专家进行现场技术指导与咨询。通过这些推广活动，保证了世行项目人工林的高质量和高效益。

1999年，中国林科院组织科技人员对西北六省区天保工程科技支撑问题进行了专题调研，提出了建议报告，编制了黄河上中游、长江上游绿化工程科技实施方案。2000年结合退耕还林（草）工程，主办培训班；培训工程实施县的林业技术干部，并负责5个试验点的支撑方案编制及实施工作。

（3）在中国林科院4个实验中心建立大面积试验示范林，推广科技成果。中国林科院四个实验中心，经营面积达6.1万公顷，到1995年已营造各类试验林0.9万公顷，配合开展60多项课题研究。从1983年起院组织对应营林所与实验中心合作，对已有成果筛选比较，优化组装，在具有代表热带、南亚热带气候类型的热林中心，中亚热带的亚林中心和干旱沙区的沙林中心等三种不同类型区域，建立各种试验示范林，到2008年底已达1.7万公顷。其中热林中心3300公顷柚木、红椎、米老排、西南桦等10多个树种的珍贵阔叶人工林，示范效果显著。

（4）通过与林业生产单位合作，承担规划设计，进行技术咨询、技术服务，开展科技成果推广工作。林化所1980～1987年共签订各种技术转让和技术合同288项，80%的科技成果得到推广，应用在全国24个省（自治区、直辖市）的150多个企业。木工所1985～1987年签订各类技术经济合同559项。

除此之外，科技成果推广方式还有：创办科技产业、与林产品龙头企业建立战略科技合作平台、在“工程中心”、“种苗基地”展示高新技术成果等。

二、科技产业

（一）发展历程

中国林科院的科技产业以科技成果转化为核心，以促进高新技术产业为目标，以提高自主创新能力为重点。院产业发展可追朔到20世纪七八十年代，经历了三个发展阶段：即1985～1993年的科技有偿服务阶段、1993～1998 年的科技实体创收阶段和 1998 年至今的科技企业发展阶段。1988 年，为了适应产业管理需要，成立了产业开发部，到目前为止，以所、中心为主体的产业体系初步建立。院产业发展的总态势是：产业总量持续增加，经济效益稳步提高，产业运行质量逐步提升，产业发展格局初步形成，但产业发展总体上仍处于较低层次，发展潜力巨大。

（二）成就与进展

中国林科院的科技产业经过 20 多年的开拓与培育，发展和形成了一批重点产业，建立了一批重要的产业基地，2008 年全院实现经营收入 3.15 亿元。

（1）培育和形成了一批有影响力的主导产品。目前全院已发展并形成了林木种苗、园林设计施工、生态工程、林产化工、木竹加工、林业信息技术、技术咨询服务等重点产业。主要产品有林木种苗、中密度纤维板、集装箱底板、观赏花卉、生根粉系列产品、单宁酸、活性炭、松香松节油、胶粘剂、环氧树脂固化剂、松花粉系列保健产品、地理信息系统软件等。热林中心目前已经形成了以原有松香厂为核心的内部股份制企业与珠海宗林有限公司合资的“凭祥青山中密度纤维板有限公司”加工型企业。截至 2007 年末，热林中心的企业总资产达到 2.46 亿，年营业额突破 1 亿元。

（2）产业平台建设为科技成果转化和产业化创造了良好的条件。继“九五”期间国家林化工程技术中心和国家木材工业工程研究中心建成投产后，近年来“特种生物资源研究开发中心”、“南方国家级林木种苗示范基地”、“北苗南繁种苗基地”、“优良沙旱生灌乔木种苗基地”已顺利通过竣工验收，正在逐步形成产业规模并产生经济效益。“中国林科院南京科技工业园”也在建设中。这些“中心”、“基地”和科技工业园的建设，为全院科技成果转化和产业化创造良好的条件。林化所组建的科技开发总公司以国家林产化学工程技术研究中心为技术依托，探索“科研加中试”的发展模式，它的 4 个公司分别形成了各自的特色产品，如五倍子单宁系列精细产品、乳液胶粘剂系列产品、活性炭系列产品、环氧树脂及固化剂系列产品、松香和松节油改性及深加工产品，均具有较好的市场占有率。目前的总销售额突破 1.1 亿元，利润达到 1100 万元。亚林所所属的 3 个公司主要以经营生产松花粉系列产品、优良种苗花卉、绿化园艺为主。2007 年松花粉系列产品的销售额在 1500 万元以上。

（3）建立以企业为主体、以市场为导向的新型产学研机制。中国林科院研究开发的化学机械制浆技术，采用混合木材（片）高效磨浆及高白度漂白等，实现对低品质速生木材的高效利用和清洁生产，其纸浆产品在生产高档白卡中，部分代替进口商品浆。这项成果在山东博汇、湖南泰格、焦作瑞丰及金光集团等 20 家大型企业推广应用，效益超过 10 亿元。在林木定向培育与产业化方面，与印尼金光集团亚洲纸业、新加坡亚太纸业，芬兰斯道拉恩索公司、加拿大嘉汉集团合作，以及国内 20 多家研究机构和企业加盟，成立中国桉树育种联盟，为我国造纸原料供给以及桉树产业的发展建立了新的科企合作模式。在木材和林产化学工业方面先后选定行业内大亚木业、肯帝亚木业等 10 多家骨干企事业，以共建研发中心、创新基地等方式开展全方位合作。国家林产化学工程技术研究中心，以南京高新区和化学工业园为创新基地，以五倍子深加工、松香松节油深加工、特种用途树脂胶粘剂、活性炭系列产品为主导产品，成果辐射江苏、湖南、山东等 13 个省（自治区、直辖市）近 100 家企业，新增产值数亿元。

（4）发展高新技术产业。通过近年来的探索，院逐步创建起具有林业特色的高新技术企业。如林化所“南京龙源天然多酚合成厂”实施国家高技术产业化示范项目，成效显著，不仅获得国家及行业的多项科技奖励，产品市场占有率高达 90%，并出口到世界各地，年产值近亿元。近年来，中国林科院积极拓展生物质材料应用领域，重点研发了四类新型材料：化学资源化生物质材料、功能性改良生物质材料、生物质结构工程材料、特种生物质复合材料。在生物质能源产业方面，重点选育了黄连木、文冠果、油桐等一批木本油料植物新品种，为建立能源林基地奠定基础；先后开发出生物质气化供热、供气和发电、木本油料制备生物柴油与化工产品、成型燃料等能源产品转化技术，获得授权发明专利3项；先后在江苏、安徽、河北、黑龙江等地建立生物质气化／发电示范点8个，生物柴油示范点1个，成型燃料示范点2个，促进了能源林业产业的发展。开发的松香和松节油系列林化产品深加工技术，累计完成销售收入3950万元，我国松香、松节油的深加工利用率从原来的20%左右提高到30%以上。

（5）产业管理和经营队伍进一步壮大。为了加强对产业开发的管理，院成立了产业工作领导小组，加强了对产业工作的领导；各所、中心由1名所（中心）领导负责产业管理工作。据统计，全院有各类公司45家，其中院直接管理的全资、控股和参股公司8家；所、中心所属公司37家。直接从业人员1100余人。

第四节 国际合作与交流

一、发展历程

建院初期至1978年国际合作主要同苏联以及东欧社会主义阵营中的国家交流为重点，有选择地引进西方国家的技术。合作的主要内容有聘请专家、出国考察、引进设备、交换种子和资料等，如1960年开展的有苏联专家参与的“中国西南高山林区森林植物条件采伐方式和集材技术研究”，1972年从意大利引进了69、63、72杨，为我国江淮流域杨树生产提供了适宜品种，并丰富了我国杨树的基因资源。

1978年院恢复建制后至今，科技外事工作得到了迅速发展，从过去单一的交换，互访发展到与国外相应的组织在林业领域内进行较大规模的国际科技合作，合作领域不断拓宽，合作方式多样，合作水平不断提升。中国林科院开展的国际合作（资助）项目以国际组织和欧美等发达国家政府资助为主，主要有联合国开发计划署、粮农组织、国际热带木材组织、澳大利亚国际农业研究中心、国际发展援助局、加拿大国际发展研究中心、英国海外发展署、瑞典国际基金会、美国林务局、日本生命蜡公司、韩国林业研究院等。项目平均执行时间2～3年，合作内容丰富，除了考察、交换技术资料、树种资源外，还引进国外先进技术、邀请国外专家进行合作研究、联合开发、合作出版、派出进修、研修、讲学、参加或组织国际研讨会议。据初步统计20世纪80年代初院派出专业考察团（组）进修和实习人员、访问学者、参加国际会议的科研人员平均每年20～40人，到20世纪80年代末达到80人左右，90年代末达到150人左右，到21世纪开始达250～280人左右。院已与世界上56个国家、50个国际组织开展了多渠道、多层次、多形式、全方位合作与交流。

二、发展成就

（1）引进资金，改善条件。争取国际合作（资助）项目，已成为改善中国林科院科研试验条件的主要途径之一。1981～2008年院共引进309项，资金总额5236万美元和50亿日元，利用项目提供的资金和设备改善了科研试验条件，为全方位地开展研究，提高科研水平，培养人才等打下了基础。例如，1986 年中国加入国际热带木材组织（ITTO）以来，院共获该组织资助项目 26 个，资助金额 933 万美元，助学金 22 人次，金额 13 万元；项目涉及院 7 个所（中心）。院林业所与加拿大国际发展研究中心（IDRC）从 1982 年开始合作逐步扩展到全院的参与，通过 18 年的全面合作已成为发达国家与发展中国家科技合作研究的典范；IDRC 资助全院 24 个项目，总金额达 450 万加元，参加项目人数达 200 多人，试验点 40 多个，覆盖全国 16 个省。院科信所自“八五”以来共执行国际合作项目 70 余个，资助资金约人民币 3500 万元。院利用联合国开发计划署提供的经费建立了木材综合利用研究中心，提高木工所对全国人造板质量的检测、监督和技术服务的能力，同日本 JICA 合作的 5 年中获得 5 亿日元的仪器设备，改善了木工所的科研设施。

(2) 引进智力。院自 1996 年获得了第一项国家外国专家局的引进外国技术和管理人才项目以来，一直是我国林业系统执行该项目的主要单位。“九五”期间共获得 71 个引智项目，经费约 190 万人民币；“十五”期间获得 80 个引智项目，经费约 223 万人民币；2005～2008 年再获 73 个引智项目，邀请专家 91 人次，经费 180 多万元人民币。引智项目规模虽小，经费虽少，但作用突出。例如，林化所执行的引智项目“植物聚戊烯醇的加工和应用”，从拉脱维亚引进植物聚戊烯醇分离精制技术以及植物聚戊烯醇的毒药效和临床方面的有关资料，获得了相关信息和部分重要的技术工艺参数，解决了我国银杏叶聚戊烯醇的精制技术，中试设备设计、制剂加工及功能药效等问题并获得国家发明专利 1 项。院资昆所在引智项目的支持下，与加拿大阿尔伯塔大学联合建立“中加联合生产实验室”，引进了难繁植物的规模化扦插技术、林地水资源管理技术、珍稀濒危植物种质资源取样和保护技术、良种繁殖等技术，通过该实验室进行辐射、推广。

(3) 培养高素质人才。国际科技合作（资助）项目成为中国林科院了解世界、世界了解中国林科院的一个主要窗口，为中国林科院培训了一批高素质人才。如与加拿大国际发展研究中心合作研究的 14 个项目，共有 120 名科技和管理人员参加由外国专家在华举办的培训班，6 人次参加长期（1 年以上）国际培训，160 人次参加国际研究考察和研讨班；院通过 IDRC 项目派出专家到其他国家进行国际咨询和技术服务 36 人次。院资源所“龙计划”为中欧双方科学家建立了一个学术交流的重要桥梁，该所共 14 人直接参与项目的具体研究活动和项目的管理工作，大部分是青年学者，其中，有 2 名年轻专家赴欧洲空间局进行专门的专业技术培训，有 1 名攻读中国林科院与荷兰空间信息和对地观测国际研究所（ITC）联合培养的博士学位，前后有 20 人次参加“龙计划”组织的遥感高级培训班。“龙计划”的实施，推动了中国林科院遥感科技队伍的建设，一批青年人已成为中坚力量，“龙计划”二期，有 3 名青年专家成为专题项目负责人。

(4) 建立国际合作创新团队。为了尽快与国际接轨，扩大国际影响，通过聘请在国际上知名专家为中国林科院国际合作创新团队的海外成员，对促进这些学科整体水平的提高，加速培养优秀人才，加快提高科研队伍素质、研究生教育质量和科研成果水平起了积极作用。截至 2008 年，院已聘请了 10 名华裔知名专家，组建了 10 个国际合作创新团队，并即将出台《中国林科院国际合作创新团队建设暂行管理办法》。

(5) 推动了林业科技进步。中国林科院已完成的国际科技项目有 8 个大项或分项获得林业部或国家级奖励。其中国家科技进步一等奖 1 项、二等奖 2 项；林业部科技进步一等奖 3 项、二等奖 4 项、三等奖 5 项。出版了一些较高水平的专著，发表了一批有价值的论文。

(6) 提升中国林科院在国际上的影响力。院先后与 56 个国家、50 个国际组织开展了合作与交流；1996 年以来与意大利、加拿大、俄罗斯和欧盟的研究机构、大学签署了 48 个科技合作协议；院先后有46人次担任国际学术组织职务；中国林科院科学家发挥自身优势，曾3次应邀赴巴基斯坦进行泡桐项目的指导；两次赴马来西亚进行遥感项目指导；“十五”期间中国林科院共主办、承办、协办了46个规模较大的国际会议、培训班和研讨班；2002年和2005年院分别授予芬兰总统、巴西环境部长荣誉博士称号；国外专家通过与院的科技合作项目，有7人获得我国政府设立的友谊奖。从而不断提升了中国林科院在国际同行中的地位和影响力。

第五节 人才队伍建设与研究生教育

一、人才队伍建设

（一）人才资源数量、学历、职称、年龄结构变化

（1）数量变化。1958年建院时，有职工418人，1960年职工总数增至1066人；1960～1961年两次下放416人，1966年又增至1603人；经过“文化大革命”，到1978年恢复建制时职工总数为620人，随着下放到各省的研究所（站）陆续收回，1979年院又成立了3个实验局，在职职工总数增到1980年的4864人。全院职工总数最高的是1985年，为5155人。随着科技体制改革的不断深入，按事业编制单位增人不增资，减人不减资的经费分配原则以及恢复了干部离退休制度，在职职工总数下降至1998年的3569人。2002年进行科研机构分类改革，有在职职工3257人，非营利编制1091人。截至2008年底全院共有在职职工2780人，离退休职工2815人。

（2）学历变化。1963年全院科技人员609人，具有大专以上学历的483人，其中在国外留学获博士、副博士、硕士学位和在国内研究生班毕业的共计20人左右，占科技人员4%，其余为国内培养的本科生和大专生，占科技人员的75%；中专及高中学历的126人，占科技人员21%。1988年本科及以上学历人员达1081人，占科技人员（1826人）59.2%；1998年有硕士170人，博士86人，占科技人员的15.4%；2008年全院本科以上学历1204人，其中硕士学历306人，博士326人，硕士以上学历占科技人员38.3%。

（3）职称结构变化。1966年前，全院获高级专业技术职称的人员只有33人，仅占科技人员的3.5%，1987年人数达336人，比例上升到19.4%；1998年558人，比例提高到34.0%；2008年底，全院科技人员为1649人，高级研究人员709人，占43.0%，中级人员649人，占39.4%；初级人员291人，占17.6%。

（4）年龄结构变化。1988年，全院56岁以上、55～45岁、44～36岁、35岁以下人员比例为1.0∶4.7∶2.2∶6.4，36～44岁年龄比例较小；1998年，情况略有好转，比例是1.0∶0.9∶1.8∶2.5，但面临退休的人员较多。2008年，比例是1.0∶4.0∶6.4∶3.8，年龄结构趋于合理。

（二）人才队伍建设的保障

（1）制定人才发展规划。院根据国家每个时期的国民经济与社会发展计划，分别制定了五年人才发展规划及中长期发展规划，如院恢复建制后，重点解决“文化大革命”遗留下的人才断层问题。“八五”人才规划提出了“坚持精简、统一、效能原则”，除增加科技人员比例外，对科技队伍在专业结构、知识结构、专业技术职务结构和年龄结构等方面均制定了明确的目标；1996年以后提出：

"压缩外沿、提高内涵、巩固优势学科，强化弱势学科，发展新兴学科，拓宽交叉学科和边缘学科"，实现人才与学科协调发展。"十一五"又提出努力实现三个转变：即从总量控制队伍发展规模，转变到提升队伍整体创新能力上来；从人才队伍代际转移，到培养和造就战略科学家和技术拔尖人才上来；从人事制度改革的突破，到建立队伍的动态优化与持续发展机制上来。

（2）出台人事管理制度。1958～2008年，相继出台或修订有关人事管理的规章制度和办法共有72项，如推行首席专家负责制、职工全员聘任制、所，处、领导干部任期目标责任制、考核制、分配制度改革、职工培训、建立博士后流动站等。

（3）推行首席专家负责制，充分发挥学术带头人作用。2002年起，院在非营利单位中以不同专业技术职称为基础，设立首席科学家、首席专家、专家、专家助理、科研辅助5个研究岗位；管理岗位设置6级8档即正院级、副院级、正所处级、副所处级、研究所管理部门负责人、一般管理岗位，一般管理岗位分为3档。

（4）实行全员聘用制。院从2000年开始，从改革用人制度入手全面推行全员聘任制，首先是规范各级岗位设置、职责、任职条件，并对外公布，公开招聘。上岗后，均签订目标责任书作为年度考核的依据，考核结果与第二年的绩效津贴挂钩。院非营利研究所及院部职能处室，从2002年起实行三元结构工资，即基本工资、岗位津贴、绩效津贴为基本框架的分配制度、其中基本工资与国家政策一致，岗位津贴、随岗位变动而变动，绩效津贴则体现多劳多得，优劳优得。拟转制为科技型企业和暂时保留事业单位性质的院属机构，通过科技体制改革也都提出自己的保障措施，以适应科研的需要。

（5）职工继续教育。为进一步提高全院职工的素质，从建院初期举办的训练班开始，陆续开展了学历教育等多种教育形式。至2008年底，全院有100多名职工取得大专及本科学历，60多名获得研究生学历；近1000名职工通过英语四会班学习为查阅资料、出国进修，对外交流打下了基础。

（6）建立博士后流动站。院于1995年建立博士后流动站，最初只有一个林业工程学科，1999年增加林学学科，2001年增加了生物学学科，流动站已有木材科学与技术，森林培育等13个二级学科方向。到2008年底进站博士后172名，已出站127名，一些留在院内工作，增强了院的科技实力。

通过人才规划和人事管理制度的实施，中国林科院已拥有中国科学院、中国工程院5名院士，新世纪百千万人才工程国家级人选12人，全国杰出专业技术人才3人；现有在职科技人员1649人，其中具有博士学位的326人，人才队伍建设已初具规模。

二、研究生教育

研究生教育起步于1979年。学科建设，导师队伍建设以及研究生培养都经历了由小变大，由弱变强的发展阶段。

（一）学科建设

1979年中国林科院只有4个一级学科中的6个专业，生物学（生态学专业）、林业工程（木材科学与技术专业）、林学（森林保护学、森林经理学、水土保持与荒漠化防治专业），农业资源利用学（土壤学专业）。1981年，院成为首批具有硕士、博士学位授予权的科研单位。1986年经三次申报，拥有博士学位授权点3个，硕士学位授权点12个。2001～2008年间，中国林科院新增博士点5个、硕士点7个。至此，中国林科院共拥有2个一级学科博士学位授权点，13个二级学科博士学位授权专业和21个二级学科硕士学位授权专业，2个专业学位授权点，3个博士后科研流动站，14个国家林业局重点学科，1个北京市重点学科，分属于4个学科门类，9个一级学科，涵盖林学、林业工程、生物学主要领域的林业学科体系。

导师队伍。1992年，院制定了《中国林科院硕士学位研究生指导教师条例》，1995年根据下放博士导师审批权的精神〔此前（1981～1994年）硕士生导师是院批准，博士生导师为国务院和国务院学位委员会审批（2名和9名）〕，中国林科院制订了《中国林科院博士生指导教师遴选工作实施办法》，1997年对于该办法进行了修订，截至2008年全院共批准硕士生导师389名，博士生导师103名。

（二）招生培养与学位授予

（1）研究生招生。截至2008年，院共招收各类研究生1733人，其中博士生595人，科学学位硕士生843人，农业推广硕士专业研究生219人，风景园林硕士专业研究生9人，以同等学历申请硕士学位研究生67人。

（2）研究生培养。首先建立硕士、博士生的培养体系，包括培养制度的建立、培养方案的制定和修订。1984年，中国林科院下发了《关于加强研究生工作的通知》，同时又制定了《中国林科院硕士、博士学位授予工作细则》，1992年对该细则进行了修订。细则对硕、博研究生的培养作了具体的规定。第二，课程体系建设。长期以来，院招收的硕、博士研究生课程主要在高校完成，随着招生规模的不断扩大，部分导师为硕士生开设了特色课程，2001年起又开展了同等学力研究生课程进修班和专业学位研究生的教学工作，逐步建立起一支硕士授课队伍；2005年开始逐步加大了博士生课程自主开设力度，2007年院出台了《中国林科院研究生课程管理暂行规定》，从而有了自己的特色课程体系。第三，联合培养。与国内外有关科研，教学机构、联合培养硕、博士研究生。即课程在相关高校和院内完成，相关高校的研究生到院内完成学位论文实验，如与北京林业大学联合培养研究生，与国际竹藤网络中心联合成立研究生院，以及与世界60多个国家的林业科研教学机构和50多个国际组织共同培养研究生。

（3）学位授予。院学位授予有科学硕士学位、科学博士学位、硕士专业学位、在职人员以同等学力申请硕士学位以及名誉博士学位5种。自1982年成立中国林科院学位评定委员会以来，到2008年已有7届，共授予科学硕士学位459人，博士学位281人，农业推广硕士专业学位158人，风景园林硕士专业学位1人，在职人员同等学历硕士学位42人，名誉博士学位2名。

（三）就业与质量评估

（1）就业。中国林科院培养的研究生大体去向是国内的主要科研院所、大专院校和企业，部分毕业生选择到美国、加拿大、英国等高等院校科研院所继续从事科学研究工作。据统计近3年的平均就业率高达90%以上。

（2）质量评估。1992、1993、1994年国务院学位委员会和林业部学位委员会组织“林学”和“林业工程”专家组分三批对全国林科96个硕士学科授予点的75个进行实地考察评估，涉及全国20个林业，农业高校和科研单位。中国林科院受检的11个学科专业结果为：木材学（排名第一），木材加工与人造板工艺、林产化学加工（排名第二），土壤学（排名第三），生态学、森林保护学、林木遗传育种（排名第四）、森林经理学、林业经济管理（排名第五），植物学、造林学（排名第七）。1997年后，质量评估主要是根据国务院学位委员会的要求，进行自我评估，认真总结经验和查找自身存在的问题，提出保障研究生质量的建议，并向上级提交调查报告。

第六节　院地合作

一、发展历程

院地合作大体分为两个阶段：第一阶段（2000 年以前），主要是和科研单位、地市人民政府开展合作。1978 年 11 月黑龙江省林科院加挂中国林科院黑龙江分院牌子，这是最早的院地合作单位。20 世纪 90 年代起，中国林科院与福建林业厅开展合作，建立南平林业技术开发试验区，完成了试验区的总体规划，实施了 54 个合作项目，促进了科技与生产的结合。第二阶段（2000～2008 年），先后与北京、天津、上海、河南、河北、内蒙古、广西、江西、青海、浙江、甘肃、湖南、安徽、四川、贵州、海南、福建、吉林、云南、湖北 20 个省（自治区、直辖市）人民政府签订了全面科技合作协议。依托地方科研单位联合共建了 12 个机构。在院地合作协议框架指导下，开展合作研究、人才培养、技术培训、技术推广、成果转化和基地建设等，实施了 400 多个合作项目，取得了显著的成效。

二、主要成就

（一）积极开展林业发展战略研究和规划

先后完成了北京、上海、安徽、江苏、浙江、湖南、福建等省（直辖市）及广州市、扬州市、西峡县的林业发展战略与规划。联合完成的《浙江林业现代化发展战略研究与规划》和《浙江省林业现代化建设重点工程总体规划》确定了林业现代化发展理念；提出了“生态林、产业林、文化林”统筹兼顾的“三林”建设思路；构建了林业建设格局，为全国的现代化林业建设提供了参考。《北京林业发展战略研究与规划》项目成果被纳入北京市总体规划，成为指导北京未来林业绿化建设的重要依据。

（二）联合共建全面提升区域科研创新能力

共建机构的建立一方面完善了中国林科院在全国的科技布局，更好地为区域林业发展提供服务；另一方面这些机构在当地政府的积极支持下通过对科研和学科建设等统一规划，统一实践，自主创新能力和为当地林业发展提供科技支撑能力大大加强。中国林科院与地方合作开展技术创新，针对浙江省提出的科技需求、共同研究并掌握了竹木板材加工技术、生物能源开发利用技术、经济林果高效培育、西溪湿地保护与开发以及农业面源污染综合治理技术等并及时应用到生产实践中。

（三）促进了人才培养与交流

院选派多名科技干部到江西、河南等 9 省（自治区、直辖市），通过多种形式参与科技服务，帮助地方解决林业技术问题，同时也提高了自身的业务水平。近年来，院每年接待各省、市人员 300 余人次，举办各类科技讲座、技术培训班 10 余次，组织不同层面的科技下乡，科技服务近 1200 多人次。新增设农业推广硕士教学点，为地方培养高级林业人才，如为河南省林业系统代培在职博士、硕士研究生 10 余名；在海南招收了 28 名攻读农业推广硕士的学员；招收了以浙江林业干部为主体的 4 个农业推广专业硕士班。

（四）加速林业科技成果转化和推广

院地合作为科技人员创造了一个成果推广的工作平台，有利于成果的转化与推广，在浙江省先后推广了中国林科院200多项成果与技术，与企业签署合作协议200余项。林业所研制的“轻基网袋容器育苗技术与装置”先后与河北、福建、浙江等省建立合作关系，推广新技术4项，建成100多条工厂化育苗生产线，生产了10亿株优良种苗。

（五）促进地方政府加大林业科研投入

院地科技合作有力地促进了各级领导对林业和林业科技工作的重视和支持，加大了各级财政的资金投入。如湖南省设立的每年1000万元的省长林业科技发展基金，用于与中国林科院的科技合作；浙江省人民政府在2004～2008年间，每年提供了300万元的专项经费用于院地科技合作；天津市政府每年提供100万元作为院地合作的专项经费。

（六）建立了一批科技服务与实验示范基地

中国林科院与地方密切合作，根据区域产业发展现状和生态环境建设需要，与地方政府、科研院校以及林业生产单位共同开展研究、成果推广转化与示范工作，建成一批有特色、效果良好的试验示范基地。如：与甘肃省小陇山林业实验局共建小陇山科技合作实验基地，与浙江省金华市东方红林场合作建成以油茶为主的木本粮油种质资源库和试验示范基地以及福建南平“科技兴林”技术开发试验区。

近年来，中国林科院根据林改后林农技术需求旺盛的局面，与福建、江西、浙江和辽宁等省合作，在福建邵武，江西广丰、武宁，浙江江山，辽宁本溪4个林改试点省份建立了5个科技服务林改示范点，并开展了大量的实用技术开发、技术示范推广与培训活动。浙江江山已成为全国科技配套服务集体林权制度改革的试验示范样板。

第七节　科研条件

据不完全统计，1978～2008年，全院共争取到各类经费43.1亿元。截至2008年底，全院京内外19个所（中心）拥有办公用房建筑面积近32万平方米，职工住宅建筑面积近33万平方米，较30年前有了很大的变化。

一、仪器和设备

建院以来，全院坚持统一规划、保证重点、分步实施的原则，科研仪器设备数量和质量有很大提高。目前院科研仪器设备投入主要有科研课题经费、基本建设经费、财政修购专项经费等。截至2008年底，全院拥有科研仪器设备8950台（套），总价值17646万元，其中进口仪器总值占到40%。单价在5万元以上的设备549台（套），总价值6942万元。

二、实验室、自然保护区、生态定位站

（一）重点实验室

重点实验室的工作始于20世纪90年代初期，依托院属9个研究所建立起10个部级重点实验室。

其中 8 个重点实验室是原林业部于 1995 年 3 月正式命名的第一批重点开放性实验室，2 个重点实验室是国家林业局于 2003 年 8 月正式命名。依托南京林产化学工业研究所建设的生物质化学利用国家工程实验室已于 2008 年 8 月得到国家发展改革委的批准建设。依托林业所林木培育重点实验室和依托森环森保所森林生态环境实验室正在积极申报国家重点实验室。

（二）自然保护区

为了有效保护各林业科学实验基地的森林资源，经国家林业局批准，院分别依托各实验基地，建成了广西大青山自然保护区、江西大岗山自然保护区、内蒙古乌兰布和自然保护区、北京九龙山自然保护区、海南陈龙沟自然保护区和浙江庙山坞自然保护区等6个省部级自然保护区，总面积达3.65万公顷。

（三）生态定位站

为了完善我国陆地生态系统评价、监测和预警体系建设，及时掌握我国野生动植物及其功能的动态和绿色森林生态系统监测数据，中国林科院重视建设野外生态定位研究站。目前已经建成了涵盖 3 个生态类型（森林、湿地和荒漠）的 20 个生态定位站，其中国家级 3 个、部级 11 个、院级 6 个。

三、工程中心

工程中心的建设开始于 20 世纪 90 年代，已先后建立了国家林产化学工程技术研究中心、木材工业国家工程研究中心、中国（合肥）林业辐照中心建设项目以及正在建设中的（南京）科技工业园项目重大项目，在开发产业共性技术，加快科研成果向现实生产力转化，促进产业技术进步和核心竞争能力的提高方面发挥了重要作用。

四、种苗基地

中国林科院 2004 年建成了南方国家级林木种苗示范基地，总投资为 7364 万元，基地建设用地面积 218.3 公顷，现年产优质苗木（包括花卉）5860 万株（枝）。“北苗南繁”林木种苗基地项目，总投资概算为 449 万元。该项目以亚热带林业实验中心为依托，占地面积 70.515 公顷，现年产优质苗木 800 万株，良种 3500 千克。沙林中心优良沙旱生乔灌木种苗基地项目，总投资概算为 428 万元。该项目以沙漠林业实验中心为依托，总占地面积 1000 公顷，现年产优质苗木 770 万株，良种 8700 千克。

五、质检中心

从 20 世纪 80 年代中期开始，按照国家关于加快建立健全林产品质量安全检验检测体系的有关要求，院相关研究所利用已有的专业技术人员和实验条件，通过授权认可和国家计量认证的方式，共建成了 1 个国家质检中心、7 个部级质检中心。检测范围涵盖了林业环境、林业投入品和林业产出品。质检中心承担了大量的国家和部门的检测任务。

六、中试基地

院先后完成了资昆所特种生物资源研究开发中试基地、林化所林产化工中试基地扩建工程、新型复合材料制作集装箱底板高技术产业化示范工程的建设，建立了一定规模的中试基地。

七、实验基地

中国林科院成立以来，按照不同气候带类型，先后在广西、江西、内蒙古、北京、海南、浙江、云南、广东等省（自治区、直辖市）建成了中国林科院热带林业实验中心、亚热带林业实验中心、沙漠林业实验中心、华北林业实验中心、热林所海南尖峰岭实验站、亚林所庙山坞实验林场、资昆所实验林场7个林业实验基地（前4个基地直接由院管理，后3个由所管理）。基地土地面积67000余公顷，林地总面积34900多公顷。先后建立科研林地9013公顷，占林地面积的25.8%。营造了大规模的杉木、桉树、杨树及红椎、西南桦等数十种优良珍贵树种试验林、示范林，制定了详实的经营、保护、研究与示范方案，有效提高了院的试验示范林管理水平。

八、种质资源

中国林科院从“八五”开始，在全国5个气候带建成各具特色的20余个林木种质资源(活体)保存库，试验保存了主要树种的大群体、种源（林分）、家系、优树、无性系等。已收集保存林木种质资源（包括乔灌木树种、花卉等）约80个主要物种种质资源5.3万份；全国林木良种基地（在14个省、自治区、直辖市）共保存、整理整合林木种质资源4.6万份，二者合计9.9万份，占国内同类资源26.8%。初步建立了林木遗传资源库的技术体系，研制出中国林木遗传资源保存策略和阶段发展计划，2005年开通了国内独立域名的林木种质资源的网站，开展林木种质资源收集保存、品种选育和推广等共享服务活动。

九、科技信息

（一）图 书

中国林科院图书馆成立于20世纪50年代末，属于林业专业图书馆。经过40多年的建设与发展，中国林科院图书馆与国内150个单位、世界上40多个国家或地区150个科研单位、林业院校建立并保持文献交换关系。现有馆藏文献40余万册，其中：中外文期刊约2700种(8万余册)；中外文图书约20万册；中外文科技资料约12万册，所收藏的国外林业期刊和图书文献种类均居国内首位。院图书馆已成为亚洲最大的林业图书馆之一，也成为了国内重点专业图书馆。为了适应发展的需要，中国林科院图书馆不断加大数字化图书馆的建设力度，不断加大图书文献数字化、网络化服务的力度，推进科技文献信息资源的共建共享工作，为广大用户提供多层次、全方位的服务。

（二）网络资源建设

经过30年的发展，院先后建成了中国林业科学数据中心、中国林业科技文献库、中国林业科技成果库、中国林业专利技术库、世界林业动态信息库等80多个拥有自主知识产权的林业科技信息数据库群，建成了国家级林业图书文献信息资源采集、数据库建设和数字化加工基地，并且实现了中国林业信息远程接入和授权访问查询。网上的自建数据库累计信息量达300多万条，数据每日更新。同时，中国林科院组织制定了林业数据采集与数据库建立的标准和规范，数据分类指标体系，建立了元数据库，培养和锻炼了一支稳定的人员队伍。

（三）科技期刊

目前，中国林科院主办有《林业科学研究》、《中国林业科技（英文版）》等23种中英文林业科技期刊。刊物种类包括学术类、技术类、综合信息类，刊登内容涉及林学研究、国内外的林业政策法规、世界林业发展的前沿问题和热点问题、森林经营管理、林业适用技术、林产工业、城市林业、竹藤花卉、林产品贸易与信息、生态文化等各个领域，成为支撑现代林业建设与林业科技创新的重要平台。

十、生活环境建设

随着中国林科院各项科研事业的快速发展和职工生活水平的日益提高，中国林科院先后实施了京区大院燃煤锅炉采暖供热系统"煤改气"改造、京区大院电改工程、京区大院自备水源井项目和京区大院电话通讯改造项目等重大工程，为中国林科院京区大院职工工作和生活顺利开展提供了强有力的保障。京外各所（中心）生活环境也有很大的改善。

第八节　体制改革

一、改革拨款制度（1978～1992 年）

1984年，根据有关精神，进行拨款制度改革。1985年，经过试点，院的拨款方式分为三种类型：一是递减部分事业费；二是事业费包干单位；三是差额预算单位。从1987年9月1日起全面实行所局长、中心主任负责制。

同时进行了职称改革，全面开展专业技术职务聘任制。加大了技术开发和成果推广的力度；推进了科研与生产的结合的步伐。

二、稳住一头、放开一片（1992～2000 年）

在这一阶段，主要是分流人才，调整结构，推进科技经济一体化的发展。1993年3月制定了《中国林业科学研究院关于进一步深化改革的若干意见》及其两个配套文件。按工作性质全院14个所（中心）划分为4种类型：一是以营林为主的研究机构，二是以加工利用为主的研究机构，三是以中试为主的实验中心，四是以经济和信息为主的研究机构。

在分流人员上，全院必须稳住的人员占30%(其中基础性研究占10%)。1996年1月，对过去提出的分类管理进行了调整：主要对3个研究开发中心要在当前开展应用研究的基础上，加速技术开发和兴办科技产业，逐步建成融试验基地与开发企业于一体的科研机构。1996年8月提出院改革的基本思路：从院部机构改革入手，搞好一个调整（院、所方向任务），两个加快（加快科技成果转化与推广、加快科技产业化进程），两个加强（加强重点实验室和工程中心的建设），三个重点（调整结构、转换机制、制度创新），四个试点（林业所、林化所、桉树中心、热林中心）。当月院制定了《中国林业科学研究院改革与发展初步方案》。9月4日，原国家科委政体司在《关于对中国林业科学研究院改革方案的批复》中，明确要求中国林科院“作为综合性公益型大院大所，要为深化公益型科研机构的改革探路子，出经验”。重点狠抓院所机构改革；调整院所方向任务，实行分类指导；搞好干部人事制度的改革。

三、公益型科研机构分类改革（2000～2005年）

2000年3月提出院全面改革的基本思路是：统一规划，科学布局，分类改革，推进转制。对全院16个研究所（中心）和院部机关以及后勤中心，分为不同类型进行全面改革。第一类，按非营利性科研机构运行和管理的机构；第二类，向科技型企业转制的科研机构；第三类，转制为林业科技中介服务机构；第四类，院后勤中心转向社会化服务，按社区物业管理模式发展；第五类，院部机关进一步推行机构重组，精简人员，转变职能，提高效率。

在分类改革中的主要工作：一是积极推进非营利机构改革；2002年，提出6个非营利性科研机构根据本单位改革实施方案，妥善地调整了组织结构和学科结构，通过公开招聘，完成了首席科学家、首席专家等6个层次科研岗位的招聘工作。二是加快推进转制机构的改革进程；2003年11月，中国林科院出台了5个改革配套文件。三是加快后勤企业化、社会化改革进程。四是四个实验中心和桉树、泡桐研究开发中心暂保留科学事业单位性质。五是加速行业性科技中介机构的组建步伐。

四、深化改革（2005年至今）

自2005年以来，继续深化科技体制改革。主要措施：一是以服务全局为中心，重新布局科技力量；二是以人才强院为宗旨，切实加强人才队伍建设。2007年，启动了面向全球招聘特聘专家计划和中央级公益性科研院所基本科研业务费专项资金项目。2008年进一步完善了奖励制度体系。设立了“中国林科院终身成就奖”，出台了《中国林科院国际合作创新团队建设管理办法（试行）》等。三是以学科调整为契机，积极强化重点学科建设。在巩固传统学科的同时，发展了4个新兴学科和6个交叉学科。四是实施“管理年”各项活动；五是以院地合作为纽带，进一步完善创新体系。先后与20个省（自治区、直辖市）、12个单位签订了全面科技合作与共建协议。六是积极探索产业发展机制。2007年提出了“科技示范型产业”的发展新思路。

第九节　党建与精神文明建设

一、党的组织机构

中国林科院成立后，中共林业部党组、部直属机关党委就批准成立了院级党组织，1958～1960 年为党委制。1961 年成立分党组，原党委改为党总支，随即部直属机关党委又将总支批准为机关党委；院属研究所（站）分别建立党支部，院机关从实际出发，有的成立了联合党总支，有的独立成立党支部。1965 年院分党组设立政治部，主管机关党委、人事、保卫等工作。由于各个时期不同的要求，院党组织机构也先后经历了多次变动，基本上分为院级、所（中心下同）两级党委。院级党组织为院分党组（院党委下同），其任务是：负责院内实施党的方针、政策和部党组决议、指示；研究审查年度和长远的林业科研计划和工作总结；组织拟订林科院的发展方向、机构布局和人事安排，讨论、决定全院性重大的业务和行政问题。院分党组纪检组（院纪检委），其任务是协助院分党组检查全院各单位党员领导干部实施党的方针、政策和上级党组织的决议指示执行情况；实行党章规定范围内的监督；受理对单位党组织、党员领导干部违纪的检举和控告。院京区党委（机关党委下同）作为林业部（国家林业局）直属机关党委的直属基层党组织，专门负责党的日常工作。京区党委下设办公室、组织处、宣传处、团委。院分党组还在行政管理上设立过审计室、监察处，后与京区纪委合署办公，1998 年成立“综合监督办公室”。2002 年根据改革的要求，院成立多职能合署办公的党群工作部。该部承担院分党组（部分）、京区党委、纪委、工会、妇工委、团委的日常工作；研究所级党组织机构分为两种，京区研究所均设立党委，在院京区党委领导下开展工作。京外研究所，有的设党委，有的设党总支，均实行双重领导。

二、党的建设

（1）思想建设。1978 年以来，全院各级党组织坚持用中国特色社会主义理论武装全体党员，根据中央部署开展整党和党员重新登记、民主评议党员、“讲学习、讲政治、讲正气”的“三讲”教育，保持共产党员的先进性教育活动，学习实践科学发展科学发展观活动；与此同时，按照中央精神，1978～1979 年完成了拨乱反正，落实政策为 1957 年整风反右运动中所划的右派进行复查，对错划的予以改正；1989 年“六四”风波中，妥善地处理 1 名党员领导干部；2003～2005 年挽救了 4 名“法轮功”痴迷者。党员领导干部坚持理论中心组每年有 6～8 次学习制度，坚持民主生活会制度，开创了院领导直接参加分管单位和部门的领导干部民主生活会，开展批评和自我批评，使党员干部民主生活会和年终考核一并成为班子建设的重要组成部分；坚持领导干部培训工作，1980 年开始到 2008 年全院选派了 4 名领导参加中央党校学习，141 名处级以上领导干部参加了中央国家机关党校和国家林业局党校培训。

（2）组织建设。一是不断创新党建工作机制。实行党委换届与行政换届同步进行，党委书记兼任行政副职的领导体制，使党委政治核心作用落到实处；二是落实“一岗双责”制度；1997 年开始在每年召开的全院工作会议期间，同时召开党建暨政研年会，党建工作与业务工作同部署、同要求、同落实、同检查，明确党组织的主要负责人为党建工作的第一责任人，其他成员按分工各负其责，层层抓落实；三是抓好党的组织机构建设，1980年院属5个研究所由支部改为总支，1983～1997年批准成立了8个党委，1998～2008年又成立4个党委；在支部建设上也采取了相应措施，院机关支部建立在处室，研究所在业务相近的研究室建立党支部，支部书记由党员行政领导兼任，保证了党委的政治核心作用和支部的战斗堡垒作用的发挥。截至2008年全院基层党委21个，3个党总支，134个支部，党员2275名。其中在职1206名，离退休774名，研究生295名。

（3）制度、作风和反腐倡廉建设。自1978年以来，院分党组和京区党委按照中央和上级的要求，制定《中共中国林科院思想政治工作条例》等11个党建工作文件，从制度上保证了全院党的各项工作健康有序地开展；各级党组织坚持党的优良传统，密切党与职工群众联系，在两次公益型科技体制改革试点中，党组织引导广大职工正确理解改革与发展的关系，在人员分流中积极拓宽转岗渠道、化解职工矛盾，妥善安置分流人员，保证改革顺利进行。加强廉政建设、预防职务犯罪，院分党组结合科研单位的特点，首先建立健全监督机构。其次是加强党风廉政教育，开展"以案施教、警钟长鸣"等警示教育活动。第三建立健全预防惩治腐败的相关制度。第四开展领导干部任期审计、基本建设项目的竣工审计。第五建立领导干部廉政档案，将党风廉政建设责任制落到实处。

三、精神文明建设

全院各级党组织以党建促进精神文明建设，针对院政研会和文明单位创建、院所文化建设、离退休干部管理、统战及工青妇、综合治理与社区建设等5个方面的工作。坚持"两手抓，两手都要硬"的方针，形成党政工团齐抓共管的工作格局，大力推进了精神文明创建活动。

四、取得丰硕成果

党建和精神文明建设取得丰硕成果，3人次当选过党的十三大、十四大、十七大代表，1人担任过十二届中央候补委员；院共获得中央国家机关文明单位标兵和首都文明单位标兵等荣誉称号60多项次，1994年以来有19人次被授予全国先进工作者等称号，院京区党委等30个党组织获得中央国家机关，省、部机关、地厅机关等奖励70多次，370多人次获林业系统、省厅级先进个人荣誉称号。

第二篇　学科发展

学科的发展是科学技术创新发展的基础。中国林科院建院以来，十分重视林学学科的发展。在20世纪五六十年代就已基本形成了林学学科体系框架。之后，不断拓展研究领域，关注学科的交叉、渗透、融合及交叉学科、边缘学科的涌现，开创了林学一些分支学科的研究工作。在森林培育学、林木遗传育种、森林生态学、森林经理学、森林保护学、森林植物学、森林土壤学、水土保持与荒漠化防治、木材科学与技术、林产化学加工、园林植物及观赏园艺、野生动植物保护与利用、林业资源昆虫、防护林研究、林业机械、林业经济与管理等领域取得很多研究成果，培养众多专业人才，引领林业科学技术的发展，促进林业生产技术水平的提高。现将中国林科院16个学科、研究领域的发展历程和主要成就分别简述如下：

第三章　森林培育学

第一节　发展历程

1941年，重庆国民政府成立中央林业实验所，下设造林研究组。

1953年1月成立中林所，以育林研究为重点，当时所下设造林系，系下设荒山造林组、林木种子组和试验林场。1955年该所设有6个研究室，其中4个与育林有关，1957年扩大为11个研究室，均与育林相关。

1958年10月中国林科院成立，林研所下设造林、树木改良、森林经营、森林保护4个研究室。

1960年成立南京林业研究所。建立油茶和毛竹研究队，同年建立油茶试验站。林研所下设木本粮油研究室。

1962年成立热带林业试验场（1974年改热林所）。1964年成立亚热带林业试验站（1978年改亚林所）。以育林研究为重点。

1979年成立广西大青山、江西大岗山、内蒙古磴口三个林业实验中心，1995年，北京九龙山实验林场改名为华北林业实验中心，配合和开展了不少育林研究工作。

1982年成立林业部北方林木种子检验中心（简称北检中心）。

1992年，1995年林业部泡桐、桉树和竹子研究开发中心归中国林科院管理。加强了3个树种的育林研究。

1995年，林业部命名了林木培育重点实验室，亚热带林木培育实验室和热带林业研究实验室。重点实验室的建立进一步助推了中国林科院的育林研究工作。

1998年在泡桐中心加挂了“中国林科院经济林研究开发中心”牌子。

2008年国家林业局依托中国林科院成立国家油茶科学中心。

截至2008年，中国林科院19个研究所（中心）有林业、亚林、热林3个所以育林研究为重点，桉树、竹子、泡桐3个中心和4个实验基地共7个单位也进行了大量的育林研究工作。该学科拥有一批著名科学家和较高水平的科技队伍，为森林培育学科的发展做出了重要贡献。

第二节　主要成就

一、种　　苗

（一）种子研究

1962～1967 年在海南先后从珍贵优良阔叶树中筛选出 100 多个树种。1963～1979 年，开展了藤类栽培研究。1972～1983 年，对坡垒种子主要贮藏条件及其生理生化依据进行了研究。

1977～1980 年，研制 ZF－32 型光照种子发芽器。1978～1981 年，承担起草制定了《林木种子检验方法》（国家标准）。

北检中心在林木种子国家标准的制定、修订以及科研方面作了很多工作，研制的标准主要有《中国林木种子区》、《林木种子质量检验规程》、《林木种子贮藏》、《油松地理变异规律及种源区划》等。划分油松气候生态型，揭示油松地理变异规律性。在国内外发表论文 100 余篇。

（二）育苗技术研究

1978～1980 年，承担提高苗木质量标准与技术的研究，1980 年对落叶松苗期群体结构进行了研究。

20 世纪 80 年代参与制定了《主要造林树种苗木》（国家标准）。开展了林木容器育苗研究；“八五”开展了林木容器育苗轻型基质研究。“九五”开展了稀土在育苗、经济林上的应用研究。

从 2000 年开始，多项课题主要研究：良种无性繁殖、设施育苗技术、扦插育苗技术、桉树规模化扦插育苗技术体系。共认定成果 7 项，专利 2 项和 2 部专著。

（三）马尾松实生苗和扦插苗培育

在 20 世纪 90 年代起通过研究提出的多种壮苗培育技术，摸清了马尾松难生根的原因与机理，提出了马尾松扦插技术的要点。

（四）菌根化育苗

1986～1990 年，对林木菌根及应用进行研究，开发制备了 4 大类 8 种菌根菌剂。1990～2000 年，开展了截根菌根化应用及其机理研究，创造了截根菌根化技术，并形成了菌根化育苗新工艺。

1995～2000 年，开展了林木菌根化生物技术的研究，在菌根化理论和生产应用方面都取得了重大突破。2001 年获国家科技进步一等奖。

二、人工用材林

（一）杉木人工林研究

中林所成立以后，对杉木中心产区的多个县进行了杉木造林技术群众经验总结和群落生态学研究，写出了《杉木造林》一书。1974 年，选择在低产林集中的湖南株洲黄龙公社长岭林场蹲点，开展改造杉木低产林的试验研究。

1978 年以来，杉木人工林先后连续有 9 个课题的支持，研究全面、系统而深入，取得了多项成果：①杉木产区区划、宜林地选择及立地评价；②杉木速生丰产优化密度控制技术；③杉木速生丰产林标准；④杉木人工林经营数表的编制；⑤杉木人工林地力衰退及防治技术研究；⑥用材林基地立地分类评价及适地适树的研究；⑦杉木林下植物群落对土壤肥力的影响；⑧杉木建筑材优化栽培模式研究；⑨杉木遗传改良及定向培育技术研究；⑩杉木、桉树人工林长期生产力保持机制研究。还有认定了一批成果，发表了7部重要著作。

通过这些研究提出了杉木人工林育林技术体系，包括以下内容：①立地控制技术；②遗传控制技术；③密度控制技术；④地力控制技术；⑤植被控制技术；⑥杉木人工林生长与收获模型系统；⑦优化栽培模式。

（二）桉树与相思研究

1969年起对桉树属树种进行了育种与栽培研究。1974年开展了刚果12号的引种试验。1984年对海南岛热带主要造林树种速生丰产栽培技术进行研究。1985年承担了与澳大利亚ACIAR国际合作项目澳大利亚阔叶树种引种栽培试验。经10年的选育与改良，桉树育种取得了突破性进展——培育出18个优良树种，63个优良种源、家系和无性系，建立种子园50.4公顷，在华南建立了4个桉树良种繁育基地。

1984～1993年完成桉属树种引种栽培的研究。1986～1990年，承担了桉树速生丰产技术研究。对桉树纸浆材优化栽培模式进行研究，提出了尾叶桉、巨尾桉等22个优化栽培模式。

1996～2000年，对桉树纸浆用材树种良种选育及培育技术进行研究。

1997～2001年，研究了桉树人工林长期生产力保持机制，提出了桉树人工林长期生产力保持的最佳立地管理技术和优化栽培模式。

1979年，首批引种了马占相思。1985年后开展了系统的相思类树种／种源／家系引种筛选试验，连续测试树种105个，选出一批优良的适生树种。1990年前后，以马占相思为主的相思引种开始走向生产。

（三）日本落叶松研究

1990年进行了日本落叶松优化栽培模式研究，主持落叶松纸浆材树种良种选育及培育技术的研究，建立了纸浆材与建筑材一体化经营模型系统，实现了造林密度、整地抚育、施肥等栽培措施的整体优化。

“十五”期间开展了落叶松优良新品种选育及培育技术，“主要针叶纸浆用材树种新品系选育、规模化繁殖及培育配套技术”，2002年获国家科技进步二等奖。“十一五”主持“落叶松速生丰产林培育关键技术研究与示范”国家科技支撑课题。

（四）泡桐人工林研究

20世纪50年代以来合作研究提出了泡桐育苗和速生丰产技术。20世纪70年代总结了泡桐种类分布生物学特性和群众种植经验。从1976年开始对泡桐速生丰产综合技术进行研究。

1981～1984年研究了壮苗培育成套技术。1973～1985年研究泡桐属植物种类分布及综合特性研究。1976～1990年，农桐间作综合效能及优化模式的研究，建立了农桐间作经济评估模型。1991～1995年对黄淮海平原兰考泡桐胶合板材优化栽培模式进行研究，取得成就。

（五）杨树人工林研究

20世纪50年代起开展杨树速生丰产技术研究，1958年进行了以深翻改土密植为主的沙地杨丰产技术综合试验。1963～1981年，提出了杨树与刺槐混交试验和杨树“小老树”改造及丰产技术。

杨树丰产栽培的生理基础研究，从1986～1990年从田间群体、盆栽个体、细胞水平和分子水平4个方面对杨树生产力的生理指标等进行了研究，在杨树生物量生产，造林密度、合理灌溉与施肥方面，找到了数量化的生理指标，首次报道了杨树对N、P、K吸收、利用和转化对生长与光合作用的影响。首次发现的"杨树素"有促进叶片扩展和推迟衰老的作用。1991～1998年经过定量化调查测定，首次证实了杨树连栽存在地力衰退，提出杉木、杨树人工林地力衰退原因机制及其维护地力的措施。

1981～1994年，进行了干旱地区杨树深栽造林技术的研究与推广等研究，得出了有益的结果。

（六）马尾松人工林研究

在研究遗传改良的基础上，提出了丰产林培育的基本原则和适用技术。

（七）优良阔叶树研究

1963～1985年对柚木培育技术进行了研究，弄清了柚木生长与土壤性状及磷肥的关系，为造林选地及施肥作业提供了依据。1962～1976年，对49个野生珍贵树种进行了人工栽培，在海南尖峰岭建立了我国最早的花梨种子园。1976年建立了树木园，至今已保存了1400多种。近年的研究对象主要是花梨、檀香和紫檀属树种选择和栽培技术研究。

（八）飞播造林研究

1958年，在陕北榆林沙荒地上进行飞播。1965年总结四川凉山飞播云南松经验。1974年再度立题研究飞播技术。

（九）《中国主要树种造林技术》一书的编写

20世纪70年代，由中国农林科学院《中国树木志》编委会编写组（郑万钧为主编），组织全国200多个单位500多人参与该书的编写。全书包括全国各地210个树种，叙述了适地适树，分布地区，适生条件，生物学特性和生长发育过程；同时还介绍了木材性质、产品利用、经济价值及主要用途。本书的出版是我国历史上第一部反映我国造林技术成就的专著。

三、天 然 林

（一）西南高山林区森林综合考察

1958～1959年，由中国林科院林研所为主，并聘请了苏联专家组织了西南高山林区森林综合考察，这次考察是中苏科学技术合作122项之一，也是我国首次进行的大规模多学科的森林综合考察。取得如下成果：进行了森林区划分，共划分三个带和七个林区；提出了林型的分类系统；提出了建立用材林和木材纤维原料的生产基地，划定保安林和自然保护区，进行木材综合利用以及森林保护等建议。

（二）大兴安岭林区综合考察与云南松采伐更新调研

1964年初，中国林科院组织6个林业院校与科技单位，对大兴安岭林区进行综合考察，主要成果：《大兴安岭自然区划草案》、《大兴安岭林区人工更新技术和丰产林规划意见》以及《大兴安岭林区主要森林类型的采伐方式与更新措施草案》。

（三）天然林培育

从20世纪60年代开始，中国林科院对次生林经营技术进行研究。主要对甘肃省小陇山及西秦岭林区进行了长期而深入的试验，形成了“甘肃小陇山次生林综合培育的研究”成果。

1986～2000年，对华北次生林分类经营模式和中亚热带阔叶次生林经营技术与效益评价进行研究。

1999～2002年，提出了森林空间结构量化分析方法和天然林经营与恢复模式——结构化经营。

2004～2007年承担了林分计算机模拟作业技术引进，构筑了林分可视化经营系统（SVMS）。

2006～2010年承担基于空间结构优化的东北天然林经营技术研究，西南山区退化天然林近自然化改造技术示范等。

四、农用林业

20世纪70年代中期，开展了农桐间作效益的研究和泡桐群体结构多种模式等研究。

1978年以来，农用林业研究包括三个方面：① 农桐间作；② 与黄淮海平原农区的复合经营；③以复合农林业为主题的科研及成果推广和转化等。1976～1990年，研究了农桐间作综合效能及优化模式。1983～1990年对黄淮海平原中低产区综合防护林体系配置与结构、防护林体系配套技术及生态经济效益进行了研究。

20世纪80年代初开展了薪炭林区划和优良薪材树种选择的研究。1990年开始由加拿大国际发展研究中心（IDRC）等的资助，开展了对华南农用林业模式和海南热带农、林、牧人工生态系统的研究。

1991～1995年，研究了平原农区复合生态系统结构与功能。突破了平原农区单效林业的传统观念，在模式及结构配置技术上有所创新。

1996～2000年，承担了太行山丘陵区复合农林业配套技术研究，2005～2010年还进行了多项研究。

五、经 济 林

1960年中国林科院油茶试验站，深入产区，开展油茶研究。1965年设立油桐研究队，开展油桐研究。先后开设了油茶、油桐、核桃、板栗、枣、杜仲、树莓、油橄榄、黑荆树、余甘子、文冠果、杏李、银杏等研究课题。

（一）核桃研究

开展了核桃新品种选育研究，主持选育出了16个早实核桃新品种。在苗木繁育、栽培技术方面解决了一批难题。

制定了《核桃丰产与坚果品质》国家标准有关技术规程和行业标准等。

（二）油茶、油桐等研究

20世纪80年代以后，亚林所设立经济林研究室。“十一五”开始，设立经济林培育与利用研究方向。承担了油茶高产无性系配套栽培技术研究。突破了长期困扰油茶无性繁殖的技术难题，发明了油茶芽苗砧嫁接技术。

“八五”至“十五”，对各地早期建立的油茶、油桐高产无性系进行总结评价，揭示了良种组合筛选和配比对产量构成的重要性，选育出5个油桐优良无性系，5个美国山核桃良种，突破嫁接难的问题。

“十一五”后，评审认定17个经济林良种，申报5项发明专利。

（三）油橄榄研究

从1964年开始到1978年以来，提出了在我国的适生栽培区和综合配套栽培技术；在丰产示范园里油橄榄单株和单位面积产量达到了国际上高产、稳产标准。

（四）枣、文冠果与榛子研究

“六五”、“七五”以来，一直开展枣早实丰产技术、老龄树低产改造技术研究。“九五”期间，以金丝小枣为试材，通过修剪等栽培措施恢复老龄树的结果能力。2000年以来，开展了冬枣资源调查、新品种选育和产业提升关键栽培技术研究。

1978年，开展了文冠果的研究。从“十五”开始进行榛子研究。

（五）林果贮藏保鲜研究

1994年开始了林果贮藏保鲜研究，“九五”至“十一五”期间主持完成国家、省(部)级研究课题35项，发表论文120余篇，取得专利6项及一批成果。

六、竹　类

竹类研究开始于中国林科院建院初期。

（一）竹林丰产培育技术的研究

1983年3月，由中国林科院和南京林学院共同承担“毛竹林丰产技术研究”项目。

亚林所和浙江省龙游县合作开展竹材丰产及综合利用技术开发，实现资源迅速增长。从“八五”到“十五”期间，主持的纸浆林定向培育专题，“九五”期间的优质工业用材竹林高效培育，提高了竹材的工业利用率。“十五”开展了商品竹林定向培育研究。

（二）竹类种质资源收集、保存和开发利用

1974年开始了合作建设浙江安吉竹种园，到1985年即引种和保存竹种200余种(含变种、变型)。1993年开始，合作共同建设了福建华安竹类植物园，收集保存竹种300余种。2001～2005年，又合作建设广东茂名百竹园。

（三）生物技术在竹类科技中的应用

20世纪90年代初开始，成功地实现了麻竹、孝顺竹等竹种的体胚组织培养，建立了孝顺竹的再生体系。在国内外首次研究提出并证实竹根际存在一些细菌的联合固氮作用。筛选了一批具有研究利用价值的联合固氮菌株，开发研制了使竹笋增产的竹林生物有机肥，建成年生产能力2000吨的生产流水线。

（四）竹类研究的国际合作和交流

1982年，亚林所、林化所、木工所等共同承担了由加拿大国际发展研究中心(IDRC)资助的国内第一个竹类(中国)研究项目。主持了毛竹林养分循环规律及其应用的研究。1988年，亚林所与中国科学院上海植物所承担了联合国环境规划署(UNEP)的竹类光合作用调研项目。2001～2006年与国际热带木材组织(ITTO)合作，主持开展中国南方丛生竹可持续经营和利用研究，均取得成就。

（五）主编了《世界竹藤》

七、棕 榈 藤

从1962年以来，热林所把棕榈藤的研究列入长期发展研究项目。20世纪80年代以来，应用生物实用技术，突破棕榈植物组培难关，成功培育出12个藤种组培试管苗，建立了壮苗培育、丰产造林的技术体系。21世纪初开展了藤茎梢的营养成分研究。经过近40年来的努力，棕榈藤的研究成果于2008年获国家科学技术进步一等奖。

在森林培育方面学术建树甚多，但最为突出的是用材林、经济林、菌根化育苗和农用林业四个方面。

在用材林培育方面。对我国重要人工林（杉木、杨树、桉树、落叶松等）进行了长期深入而系统的研究，提出了发展人工林的6个目标：定向、速生、高产、优质、稳定和高效，与此同时，还提出了集约栽培人工林的5个控制的育林技术体系。即遗传控制、立地控制、密度控制、植被控制、地力控制。从而为我国人工林的科学培育制定了理论原则和实践框架，并已在生产中得到推广。

在经济林培育方面。中国林科院在竹类、核桃、油茶及棕榈藤研究上取得了突出成就。竹类在育林学基础、竹苗繁育、竹子造林和竹林培育管理上形成了理论与技术体系，尤以毛竹更为突出。核桃、油茶形成在遗传控制基础上的丰产、优质、高效的配套育林技术。棕榈藤提出了栽培学和系统的育苗、造林技术，形成了栽培模式。

在菌根化育苗技术方面。开创性地对菌根真菌进行了高效优良菌株的筛选，制备了实用的多种菌剂，创造了主要工业树种不同育苗方式的菌根化技术，形成了系统的菌根化育苗造林新工艺，具有高效、低耗、简单、易行和维护地力的特点，菌根化苗木已大面积应用于造林，明显地提高造林成活率和林木生长。

在农用林业方面。构建了在经济上、生态上均优、多功能的农林复合系统，提出了优化的实用复合模式。

第四章　森林生态学

第一节　发展历程

中国林科院50年来生态学研究的发展，充分体现了生态学50年来内涵的提升和扩展，也显著反映了50年来林业的世界任务和国际责任的拓展历程。

一、1958～1988年期间

1958～1988年，中国林科院是以“生态学是研究生物与环境相互关系”的经典生态学为指导，为造林、育林、森林经营提供树木生态、森林生态的科学基础。

在林木栽培生态研究方面。20世纪50年代对杉木适宜生长区的气候条件、土壤类型、杉木群落分类、立地条件及指示植物、小气候、生长与生态因子关系进行系统研究。除此之外，对华北的油松、10种杨树、核桃、油橄榄、泡桐、白榆、梭梭、杨柴等造林和经济树种的生态学，对热带的柚木、母生、石梓、花梨等珍贵树种的生态学做了研究。其成果对杉木、杨树、泡桐的速生丰产林栽培，油橄榄、柚木的引种栽培起了重要作用。

在经营生态研究方面。1956～1958年对长白林区做了森林更新调查，提出技术报告。1957～1959年与苏联科学院合作，进行了我国西南高山林区的综合科学考察。这是首次对我国西南高山林区进行最全面的自然地理、林型、土壤、树种生态特性、植物群落、垂直带谱、演替系列、采伐更新规律的本底调查研究，为林区的开发利用和合理经营提供了科学基础。

1960年，中国林科院与四川林科所合作，在川西高山林区米亚罗建立了我国第一个天然林区长期综合定位试验观测站。1980年恢复建立了尖峰岭热带林长期生态定位站。1984年，在江西大岗山建立了以毛竹林和人工杉木林生态系统为对象的生态定位站。这些生态观测站在生态系统理论指导下，发展多学科综合研究，对各类森林生态系统开展结构与功能的动态试验研究。

在环境生态学研究方面。开展了林业建设在改善、美化城市环境方面的应用研究；防护林建设对改善环境的生态功能观测，林木与环境保护，保健卫生研究等。

中国林科院头30年最具有前瞻性的两件事是：①我国在科技“十五”规划中才列入“国家长期野外观测研究站平台”建设，而中国林科院于1960年已在四川米亚罗建立森林长期生态定位观测站，这无疑起到了长期野外观测研究站建设的先锋作用；② 1974年针对当时林业只重视若干速生乔木树种的倾向，中国林科院着手组织研究200多种乔、灌木树种的形态、生态特性、立地条件、造林技术等。在此基础上编著了《中国重要树种造林技术》。事实证明，今天在林业六大工程建设中所用的抗旱、抗寒、抗盐碱乔灌木种和生物能源树种当时都在选研树种之内，这些树种后来被广泛应用。

二、1988～2008年期间

1988～2008年，中国林科院的生态学领域，有了很多新的学科发展方向，如森林对陆地表面系统的功能影响，森林生态系统功能的监测与评估及其网络化，湿地生态系统、生物多样性保育、野生动植物、鸟类环志、自然保护、全球气候变化、森林碳平衡、森林水文、环境生态、工程生态学和生态系统管理等。

第二节 主要成就

一、森林生态系统功能监测和评估

中国林科院建立的江西大岗山站、海南尖峰岭热带林站和甘肃民勤荒漠草地站为3个国家级野外观测站。另外，还有河南宝天曼森林站、珠江三角洲森林站、湖北秭归森林站、四川若尔盖湿地站、海南东寨港红树林站、黄河小浪底森林站、杭州湾森林站、山东昆嵛山森林站、广东湛江桉树林站、广西大青山森林站、青海"三江源"湿地站、青海共和荒漠站、内蒙古磴口荒漠站、内蒙古多伦荒漠站、云南元谋石漠化站、云南元江荒漠化站和北京九龙山森林站等部、院（所）级站，构成了全国性的各类型生态系统定位观测研究站网。

依托对定位观测研究站的长期观测资料和数据，我国森林生态系统的地理分布、群落的组成结构、生物生产力、养分循环利用、水文生态功能和能量利用等规律研究取得了重大成果。并首次为国家林业局提出了全国和按省份的森林生态系统8方面生态功能（即水源涵养、水土保持、生物多样性保育、释放氧气、吸收二氧化碳、防风滞尘、净化环境和休闲旅游等生态服务）的价值计算。

二、森林生物多样性保育和自然保护区

（一）海南岛热带林生物多样性形成机制

从不同的时空尺度上综合分析了热带天然林植物和群落类型的发展变化及其与古、今生态条件的关系；研究探讨了热带林生物多样性的历史发生及演化过程；分析了生态环境与森林群落及森林植物空间格局形成的关系；研究了群落内生态位、种间关系和斑块镶嵌体系，阐明了热带林群落类型分化和群落内物种多样性协同进化关系的形成规律。从热带林特征种和特有种遗传多样性、系统发育和分子生态学的角度，探索了热带森林植物多样性形成的遗传变异机制。通过该研究，构建了较为完善的热带林生物多样性形成与维持的理论体系，为合理保护和利用热带林生物多样性资源提供了依据。

（二）森林生物多样性监测、评价和保育技术

(1)"自然保护区生物标本标准化整理、整合及共享"课题经过3年的试点工作，研制完成了57项自然保护区资源调查和标本采集整理共享的相关技术规程，按照技术规程，整理了全国27个省（自

治区、直辖市）138 个自然保护区的生物标本 72.5 万号（动物标本 28.2 万号，植物标本 44.3 万号），其中新采集标本近 30 万号。3 年已经累计完成数字化生物标本 54.8 万号标本。有标本信息属性数据库 320M，多媒体图片数据 494G，GIS 数据 307M，建立了标本—活体—生境—信息等一体化的共享体系。自然保护区生物标本和资源子平台构建了生物标本和资源信息共享网络服务系统，形成了功能比较完善的自然保护区生物标本和资源信息共享平台。

（2）对三峡库区陆生野生动植物进行了全面系统的调查与监测。植物方面：按照《中国植被》的分类系统，在三峡库区建立了植被分类系统。动物方面：调查采集了库区兽类、鸟类、两栖类、爬行类标本。对湖北库区 4 县的金丝猴、猕猴、黑熊和红腹鸡进行了专项调查。

完成《三峡库区动物名录》、《三峡库区植物名录》，出版专著《三峡库区陆生动植物生态》。

三、全球变化与森林的相互影响、森林碳平衡与碳减排

完成了①我国森林生态系统的碳贮量估算；②我国森林生态系统碳贮量的空间分异；③中国森林生态系统碳源／汇潜力等研究成果。

研究了气候变化对森林及树种分布的影响和气候变化对我国森林生产力的影响。运用我国近 30 年的气候和物候资料，研究了气候变化对我国木本植物生长发育的影响；对气候变化影响下我国森林树种的经济损益进行了分析，并针对气候变化的影响提出了林业的适应对策。基于国际框架和中国示范项目提出的“CDM 退化土地再造林”方法学，成为世界上第一个获得 CDM 执行理事会批准的方法学。应用该方法学的 CDM 项目“广西珠江流域治理再造林项目”成为全球第一个在 CDM 执行理事会成功注册的 CDM 造林和再造林项目。

四、森林与水文相互关系

2002～2008 年由中国林科院主持的“973”项目“西部典型区域森林植被对农业生态环境的调控机理”研究中，着重关注森林与水文过程的相互影响，相互制约的问题。其成果，生态水文过程耦合机理是项目研究的一个重要创新内容。另外，在宁夏六盘山等地开展了林水相互关系及合理调控研究，推动了新学科发展。

五、国家重大工程的生态问题

（一）生态林业工程功能观测与效益评价技术

在 1996～2000 年由中国林科院与各相关课题单位共同建立了一套全国统一的生态林业工程效益评价的指标体系。并完成对三北、长江、太行山和沿海四大生态林业工程的效益作出区域性评价和综合评价。完成生态效益计量经济理论研究，提出了我国四大林业生态工程效益评价计量理论和方法，解决了森林生态效益货币计量化评价的理论和方法问题。建立了森林和四大生态林业工程的 10 种效益物理量计量的整体扩散模型并进行货币计量化评价。

（二）三峡库区陆地生态恢复与管理

完成了三峡库区陆地生态恢复与管理的项目。在试验示范区建成农、林、牧科学合理布局的产

业结构体系、高效景观防护体系及综合生态经济防护体系。同时开展三峡库区植被恢复优化配置与可持续管理示范体系研究，为三峡库区天然林资源保护工程、退耕还林工程建设提供科技支撑。示范区生态环境明显改善，森林覆盖率达到75%，比1999年上升30%。水土流失治理率达到90%。

（三）天然林保育工程研究与示范

与新疆有关院（所）合作，研究了额尔济斯河河岸杨树更新的基本规律及杨树天然林的人工更新技术，探索银灰杨有性繁殖技术、盐桦种群的保育与恢复；引入珍贵物种花楸、银灰杨、大叶冬青、海南粗榧，基本解决了当地天然林结构调整及定向恢复。

六、湿地研究

通过“鄱阳湖湿地生态功能作用机理与调控”、“北京市湿地保护与恢复关键技术研究”和 “江苏滨海湿地景观格局变化与驱动力分析”等，提出了一套湿地生境的恢复技术以及净化污染湿地的处理湿地构建技术，出版了《湿地恢复手册理论原则与案例》；为水利部完成“中国陆域湿地生态用水研究”，对全国的陆域湿地的生态用水情况做了分析，提出了基于生态保护目标的湿地生态用水计算理论；计算了扎龙及鄱阳湖2块国际重要湿地的经济价值，提出了一套完整的基于环境经济学的湿地价值的计算方法。

七、森林与环境

（一）污染损害生态系统的修复

研究污染环境生物的生物化学转化过程及植物修复机理，研究揭示土壤生态系统中营养元素物质循环及其环境效应，以及土壤化学因子对增加重金属的植物可利用性的调控机制。建立从超积累植物的繁育技术及筛选、合理施肥增加植物生物量技术、施用螯合剂及表面活性剂以增加重金属的植物可利用性的技术等一整套植物修复集成技术体系。

（二）珠江三角洲森林与城市环境关系研究

以广州为研究对象，开展城市群区域森林植被在时空尺度多层次、多界面与大气、水、土多因素相互作用机理的监测研究；森林植物系统与城市环境、人类活动的相互关系；土壤—森林植被—大气界面生态过程；森林生态过程中生命物质的生物循环及生物地球化学循环；森林流域水循环及界面生态过程；森林缓解污染有益健康生态机制等研究。

第五章　林木遗传育种

第一节　发展历程

林木遗传育种学是以遗传学为理论指导，根据林木的特性及其遗传变异的规律，进而研究如何有效地控制和利用这种遗传和变异为人类需要服务的学科。它是一门应用性很强的科学，是营林工作的重要理论基础和技术措施。

一、萌芽阶段（1912～1953年）

从1912年开始，相继成立了林艺试验场（1912年）、中央林业实验所（1941年）等研究机构。这些机构在苗木繁育、树木学、森林地理学等方面做了不少有益的工作，对林木遗传育种的基础工作已经有所涉及，成为林木遗传育种萌芽的基础。

二、初创发展阶段（1953～1966年）

中华人民共和国成立后，在中林所森林植物研究室创立了遗传选种及良种繁育组。1957年1月，林研所林木遗传选种研究室正式成立。1958年进行组织机构调整，林木遗传选种研究室更名为树木改良研究室，下设遗传选种和生理解剖两个研究组。

三、停滞阶段（1966～1978年）

“文化大革命”开始后，林木遗传育种工作严重受挫，学科发展几近停滞。但由中国农林科学院组织召开了两次全国林木良种选育科研协作会议，对推动学科发展起了积极作用。

四、恢复与全面发展阶段（1978～2008年）

1978～1986年，林业所设有森林遗传育种和和引种驯化两个研究室，1987～1988年，设立林木遗传育种1室和2室，林木种子和森林植物两个学科理论相关研究室；1989年，增设林木引种研究室；1990～1991年，该学科有1室、2室和林木引种共三个研究室；1994～1996年，设有林木遗传育种1室、2室和林木种子室；1997～2001年，学科研究室增加到四个，分别为种质资源学、林木引种、遗传改良、分子遗传研究室；2002～2008年，研究室有了调整，有分子生物学研究室、林木遗传育种研究室、林木引种与植物地理研究室、林木种质资源研究室。

中国林科院林木遗传育种学科，除以林业所为机构依托外，在院属其他科研机构也得到发展。亚林所的经济林、用材林、生物技术、森林保护等研究室开展了大量林木育种研究工作。热林所设有林木育种研究室、森林资源研究室。泡桐中心主要研究泡桐的遗传育种、开发利用。桉树中心设有专门的桉树育种研究室。另外，热林、亚林、沙林、华林中心对林木遗传育种也做了不少工作。

第二节 主要成就

一、科研工作

20世纪50年代后期开始，对杨树等阔叶树种开展了品种筛选和人工杂交育种研究，陆续选育出多个杨树新品种；对杉木、马尾松等针叶树种进行了种源试验。还相继从国外引进欧洲黑杨及欧美杨杂种无性系、柚木等育种资源。

半个多世纪以来，先后承担国家、部门和本院的多项重大科研项目；获得各种科技奖励100余项，其中国家科技进步一等奖3项、二等奖8项、三等奖6项，国家发明奖3项，省部级科技进步奖励近78项，其他奖励多项。在国内核心期刊外发表论文近600余篇；申请并获得专利10余项；制定国家标准12项，行业标准2项；编撰著作40多部。

（一）林木种质资源研究

20世纪50年代开始，进行了重要乡土树种和外来树种的育种资源搜集、保存、评价和利用研究。先后搜集了大量国内外杨树、桉树、杉木、马尾松、相思、柚木、油茶等多个用材、造林、经济林木种质资源，建立了多座以松、杉、杨为代表的重要树种种质资源基因保存库，丰富了林木育种资源；对已搜集林木育种资源开展了评价利用研究，并提出了相应的适生栽培和推广利用地区。

1985～1993年，开展棕榈藤的研究，建立了我国最完善的藤种标本库和世界上最多的基因资料收集园。获1996年国家科技进步一等奖。

1985～1997年，开展沙棘遗传改良的系统研究，在引进材料和乡土材料的基础上建立了8座沙棘的基因资源库。获1998年国家科技进步一等奖。

1985～2004年，建成了跨越5个气候带的国家林木种质资源保存库体系，获2005年国家科技进步二等奖。

（二）外来树种的筛选和利用

对外来树种资源进行评价研究，确定了外来树种资源的适生范围及发展区划，从中选出欧洲黑杨、美洲黑杨、桉树、相思树、湿地松、火炬松、柚木等适合我国生态环境，且具有经济、生态和社会价值的有希望的外来树种；开展了外来林木资源良种选育和栽培技术研究，选育出大批在林木育种和生产实践上具有重要意义的优良品系，并逐步推广利用。

1983～1990年，加勒比松、马占相思等8个树种的引种研究，获1993年国家科技进步三等奖。

1984～1993年，开展桉属树种引种栽培的研究，获1996年国家科技进步二等奖。

1985～2006年，开展杨树工业用材林高产新品种定向选育和推广研究，获2007年国家科技进步二等奖。

（三）遗传变异与种源选择研究

对多个重要造林用材树种进行了种源、种内遗传变异和优良种源选择研究，评价选择出杉木、油松、白榆、华山松、湿地松、火炬松、沙棘、桉树、相思、马尾松等10余个树种的优良种源，并作了种子区区划，成为局部区域的种子调拨和优良种源在全国范围内的推广应用的重要依据。林木种源区划、优良种源及其适生区的确定，为科学有效地发掘现有林木育种资源的生产潜力以及对育种资源进行后续遗传改良做了充分的前期基础性工作。还开展了"优良薪材树种选种、薪材林栽培经营技术的研究"，成功地引种国外树种40个，从乡土树种选出60个最佳树种。

1976～1993年，杉木地理变异和种源区划分的研究，获1989年国家科技进步一等奖。

1977～1985年，马尾松种源变异和种源区划研究，获1990年国家科技进步二等奖。

1991～1995年，研究了五个相思树种纸浆材良种选择、繁育、纸浆材性分析和推广应用等一系列良种选育技术，获1998年国家科技进步二等奖。

（四）种子园营建与子代测定

先后开展了松树、杉木、桉树等重要造林和经济用材树种的优树选择、杂交组配和子代测定研究，从中筛选出一批杉木、马尾松、火炬松的优树、优良家系和优良无性系，为优树种子园的营建提供可靠的种质资源材料；进行了优树种子园营建技术、种子园丰产技术、多世代种子园营建等方面的研究，建立了多个优树种子园，储备了有效的育种资源；通过杂交组配、子代测定和区域试验研究，选育出油茶、沙棘等的优良新品种，应用效果良好。

（五）杂交和无性系选育

开展了大量杂交和无性系选育工作，在杨树、泡桐、落叶松、马尾松、千年桐、杜仲、锥栗、核桃、油茶、茶等许多树种中选育出多个优良品系，大大推动了我国林木良种化进程；选育出优良品系在生产中推广应用，经济效益、社会效益和生态效益明显；生态育种成为重要研究方向，将林木育种和栽培要求相结合，育成优良品系的生态适应性提高；选育的理论、方法、手段不断创新。

1957～1982年，育成了抗逆性强、速生的优良新品种——群众杨，获1990年国家发明二等奖。

1956～1981年，育成了北京杨，获1991年国家发明三等奖。

1996～2005年，构建了杉木遗传改良即定向培育技术体系，为我国杉木育种奠定了基础，获2006年国家科技进步二等奖。

（六）良种繁育

开展了多个重要树种的良种繁育技术研究，在杉木组培繁殖技术、马尾松诱根嫁接技术、桉树无性系矮化育种园技术、蓝桉组培技术、相思成年优树的复壮技术、柚木无性系组织快繁技术、部分木兰科树种的扦插繁殖、核桃试管繁殖及嫩枝扦插技术、云杉规模扦插繁殖技术方面取得重要突破。创造性地提出芽苗砧嫁接技术、松针叶束嫁接技术、体细胞胚繁殖固定杂种优势技术。

1984～1986年，开展了松针叶束嫁接技术研究，创造性地提出松针叶束嫁接技术。

（七）基因工程育种

1990～1992年，开展了欧洲黑杨抗虫转基因的研究，获1998年国家科技进步三等奖。

（八）细胞工程育种

1980～1986年，开展了杨树杂交胚胎学的研究，成果获林业部的奖励。

2001～2005年，开展了落叶松胚性细胞研究，建立了落叶松胚性干细胞培养模式，并获发明专利。

（九）分子标记辅助育种

1993～2000年，杨树分子标记辅助抗病选育技术填补了我国在林木中借助分子标记辅助抗病育种研究领域的空白。

（十）航天诱变育种

从2000年开始，先后利用“神舟”三号、六号飞船，第18、20和21颗返回式卫星和实践八号种子星等多次搭载草坪植物，造林绿化树种如落叶松等，开展了以草坪植物为主的园林植物航天育种研究。2008年，开展林木航天诱变育种技术及优良品种（系）选育研究。

（十一）育种分子基础研究

2000～2008年，开展了树木育种的分子基础研究。获得了可能在木材形成中起关键作用的基因，克隆了抗天牛Bt基因，并获得了发明专利。

2000～2008年，开展了促进红豆杉细胞紫杉醇生物合成机理的研究，揭示了紫杉醇生物合成的分子机理及其调控机制。

二、成果推广与科技产业

50多年来，中国林科院先后开展了数十种重要造林树种的遗传改良工作。通过“选、引、育”多种途径获得一大批优良新品种（无性系／家系）。在林业建设中得到广泛应用，发挥了巨大的经济效益和社会效益。

杨树优良品种：小黑杨杂交品种已在“三北”地区推广80多万公顷。杉木优良种源：推广造林57万公顷。沙棘优良品种：建设基因库8座，种子园22.6公顷，生产种子3000千克，苗木2000万株。马尾松优良种源：1981年起在南方12个省（自治区）推广造林45220公顷。桉树良种营造示范林1400公顷。相思良种：推广相思良种2万公顷。

三、科学理论

通过系统的种源试验研究，揭示了我国多个主要造林树种的地理变异模式。在此基础上进行了种子区划，制定了国家种子使用标准，为指导种源母树林原地或异地营建、种源种子园建立、种源杂种利用提供了依据。

通过引种研究，从理论上阐明了多个引种树种在我国的适生范围、栽培模式、育苗造林技术，丰富了我国造林种植材料。通过杂交育种实践，在不同亲本间杂交可行、子代遗传表现方面积累了丰富的理论知识。

在将现代生物技术与育种相结合方面，运用植物基因工程技术，将Bt基因导入杨树种，培育出抗虫杨，转基因杨树生长良好，抗虫效果良好。构建了美洲黑杨×青杨、桉树等的遗传连锁图谱，为利用分子标记辅助育种加速林木遗传改良工作提供了初步理论基础。

四、国内外合作与交流

参加了多次国际合作会议，特别是参加多次国际杨树会议，提高了中国林科院的知名度。一些专家在国际组织中任职，对促进学科发展起了积极作用。

五、林业科研决策和服务

参与多次国家、部门层面的专题报告、调研报告、专题指南、专项申请文本、可行性报告、申请报告以及组织考察，提出建设性意见等，展示了本学科的综合实力，并为领导部门提供了决策依据。

第六章 森林经理学

第一节 发展历程

森林经理是组织森林经营、进行森林区划和作业规划的理论基础和技术手段。其基本目的是要达到可持续地培育和利用森林资源，以充分满足社会对木材、林副产品和森林生态服务功能的要求。当今的森林经理学已经由狭义组织的森林经营扩大到包括森林经理学、森林资源监测、森林评价、森林区划与规划以及各种新技术应用（3S 技术、信息化技术、数字模拟技术）等广义的森林经理学。

我国森林经理学于 20 世纪初从日本引进，近 60 年来在我国得到迅速发展。

一、1949 年以前概况

1941 年，重庆国民政府农林部成立了中央林业实验所（歌乐山），1945 年在该所成立了森林经理系，但研究人员很少，研究工作进展不大。

二、中林所时期概况（1953～1958 年）

1953 年，中林所成立，同年增设了森林经理系，1955 年扩充为森林经理研究室。1957 年又成立了森林经营研究室。

三、建院至院恢复时期概况（1958～1978 年）

1959 年初，森林经营经理研究室改为大地园林化研究室。1966 年“文化大革命”开始至 1978 年，院的科研事业遭到了严重破坏。

四、1978 年至今概况

1978 年，为加强计算机技术的应用研究，成立了院计算中心。1984 年 12 月，将原属于林研所的森林经理研究室和院计算中心合并，组建成立了院森林调查及计算技术研究开发中心。中心成立后，设置了森林经理室、遥感室和计算机室。1988 年 4 月，森计中心扩建并改名为资源信息研究所。所内设置了森林经理及林业统计研究室、遥感研究室（后分为资源遥感和环境遥感两个研究室，后又合并）等 5 个研究室。1998 年 6 月获得了博士学位授予权。2006 年被评为国家林业局重点学科。

第二节 主要成就

一、森林生长及收获预估

1955～1957年，在杉木重点产区进行了杉木生长调查。首次编制了地区性杉木人工林（实生）、（插条）生长过程表以及断面积蓄积量标准表、树高级表、立木材积表、杉木地位指数表等。1956年以后，提出了林层划分方法。

1978年以后，主要针对人工林生长与收获模型方面进行了深入研究。首次研建了全林整体生长模型系统，建立了林分最大密度和自稀疏关系的理论，阐明了第一类模型和第二类模型的关系，在生长模型的基础上推导出间伐模型。

20世纪90年代中期，提出了一套完整的建立相容性立木地上部分生物量模型的方法。

二、林业数表和测树工具

中华人民共和国成立初期，森林经理室编制了我国通用原木材积表，一直沿用到1976年。1959～1966年编制出《原木材积表》（初稿）。1978年恢复了材积表编制研究工作，编制出了《原木材积表》、《杉原条材积表》等。1992～1994年，开展了立木材积表编制理论、方法与应用技术研究，提出了自调控树高曲线与一元立木材积表数学模型。

1957年开始了角规测树理论和应用的研究。1959年发表的《角规测树的研究》中，首次在理论上证明了垂直角规计数在坡地上同样适用，丰富了角规测树的一般理论。1960年，研制具有角规、测高、测径和测距等多功能的综合测树仪。

三、林业区划及规划

1958年，从宏观上开展了全国园林化规划方案的研究。在森林植物自然地理区划研究中，把全国划分为东北平原区、东北山地区、华北平原等14个森林植物自然地理区。

1962年，在《中国森林资源分析》中，对中华人民共和国成立前后的森林资源统计数字进行分析、校对。

1982年，开展了我国林业发展战略的研究。完成的全国用材林发展趋势的研究，提出了全国用材林预测模型——广林龄转移方程，为制定我国木材生产长远规划提供了科学依据。2001年完成了《河南省西峡县生态经济发展规划（2001～2010）》的编制。

四、森林资源管理和监测

20世纪60年代初期，开展了有关林场技术档案的研究。进入20世纪70年代，全国不少林业局、林场开展了资源档案、经营档案的建立工作。1980年《林业专业档案》一书出版。

20世纪90年代中期开始，开展了天然林资源经营管理研究。提出了天然林区森林资源监测和经营管理技术体系。

20 世纪 90 年代末，建立了一套适合我国国情林情的森林资源监测指标体系。

五、森林可持续经营

1993～2003 年，承担完成了国际热带木材组织（ITTO）合作项目中国海南岛热带森林可持续经营研究与示范中热带天然林永续经营示范的研究。

2001～2005 年，开展了基于减少环境影响的森林采伐更新技术研究，提出了森林生态采伐理论和东北天然林生态采伐更新技术。

2004～2007 年，对近自然森林经营进行了深入研究。通过引进消化、改编试验和集成创新，建立适合我国国情的可持续多功能森林经营理论框架和技术体系。

六、林业统计分析

1985 年出版了《多元统计分析方法》一书，开创了中国林科院林业统计的研究领域。1987 年研制了基于 DOS 操作系统并适用于 IBM-PC 系列微机的林业常用统计软件包，并配套出版了《IBM-PC 系列程序集》。这是我国林业系统第一套数学统计分析软件。

21 世纪初，开始了统计分析软件的升级和改进。于 2005 年推出基于 Windows 操作系统的、具有自主知识产权的林业统计分析软件——统计之林（ForStat）2.0 版，目前已升级到 2.1 版。

七、林业遥感应用

中国林科院遥感应用研究起步于 1977 年，经过 10 年创业，1987 年，遥感应用研究已初具规模，建立了遥感应用研究室。

“六五”期间，研制出卫星数字图像计算机处理系统 CAFIPS，应用于吉林省临江林业局和陕西乔山林业局的森林资源调查。

“七五”期间，应用新一代陆地资源卫星 TM 遥感数据对“三北”防护林进行综合调查，取得了一批国内外关注的成果。完成的“三北”防护林公共试验区遥感综合调查技术，首次进行了较高精度、多学科、多专业的遥感综合调查，建立资源与环境信息系统。完成的华北石质山防护林遥感综合调查技术，提出了新的图像处理方法，改进了大气校正，开拓了导向比值法；确定了适合华北地区的一整套调查方案，还完成了“三北”防护林生态效益遥感综合评价研究。

“八五”期间，对“三北”防护林体系、植被变化的监测进行了深入研究，提出一套可重复应用的遥感和计算机自动分类和动态监测的系统技术。建立了基于 NOAA 数据的西南林火监测系统，准确率达 80%。同时，还开展了航天遥感资料在森林二类调查中的应用研究。

“九五”期间，开始从事星载 SAR 森林应用研究，在 SAR 图像处理、专题信息提取、参数反演、森林制图等方面取得了多项应用技术成果。

“十五”以来，在资源、环境、灾害等方面承担了国家重要项目，完成了“沙尘暴监测技术”、“重大病虫害遥感监测与预警技术”、“湿地资源监测与可持续利用评价技术”等。在雷达应用研究方面，也做了大量工作。

八、林业信息技术

“六五”期间，主要是运用计算机完成数据的处理和计算，初步开发了一些森林资源数据分析和遥感图像处理软件。

“七五”期间，开发完成了一批采伐设计和木材生产调度等计算机应用软件。

“八五”期间，开展了信息技术的综合应用研究，研究开发了多项综合应用系统。完成了广西国营林场资源经营管理辅助决策信息系统，基于信息、实施和决策3个反馈环的动态森林资源管理模式，由森林资源管理系统（FORMAN）和图面管理的微机地理信息系统（PCGIS）两部分组成，首次实现了森林资源信息管理中属性和空间数据一体化管理。特别是开发的微机地理信息系统（PCGIS），是当时我国林业系统真正意义上的第一套地理信息系统（GIS）软件，在学术上有重要突破，成果获1997年国家科技进步二等奖。1996年，研制开发了基于Windows操作系统的国产地理信息系统软件WINGIS软件（后改名为ViewGIS）。

“九五”开始，开展了林业资源与环境数据的共享研究与示范，建立了部级资源环境信息服务系统。

“十五”开始，开展了林业科学数据共享工程建设，制定了森林资源数据整合加工和共享的标准规范45项，建成了40多个专业数据库，初步形成了林业科学数据库群。

“十五”期间，还开展了信息技术的集成应用——数字林业平台技术研究与应用。完成了23项数字林业标准规范制定并予以完善；提出了国家数字林业平台体系结构，初步形成国家（省、地）级和县级2个平台系统。

第七章 森林保护学

第一节 发展历程

一、奠基时期（1955～1978 年）

1955 年中林所内设森林保护研究室，开始了森林保护学研究。1962 年林研所设立森林昆虫、森林病理、森林防火研究室。在热林站和亚林站内设森保组，紫胶所内设敌害防治组，初步形成了结构和布局较为合理的森林保护学研究团队。在此期间，根据《科技十二年规划》和《十年规划》的安排，对主要森林有害生物的生物学、生态学、预测预报、防治方法及森林火灾扑救技术开展研究，取得良好进展，共发表论文和研究报告 100 余篇，著作 1 部，有 3 项成果列入国家科学技术公报，1 项成果获全国科学大会奖。“文化大革命”期间，正常科研工作遭破坏，但科技人员与基层生产单位合作仍在森林病虫害防治研究中取得一定成绩和进展。

二、平稳发展时期（1978～1998 年）

森林保护研究取得长足的发展。在研究机构方面，1994 年 4 月中国林科院正式成立森林保护研究所；1995 年依托森保所、北京林业大学等成立林业部重点开放实验室——森林保护学实验室；亚林所、热林所也分别成立了森林保护研究室。研究队伍扩大，研究设备增强。在研究内容上，主要承担“六五”至“九五”四个五年计划中森林病虫害防治技术研究的国家科技攻关任务及国家自然科学基金的研究课题。森保学科在此期间发展迅速，不仅基础研究有了明显提高，而且在病虫害防治技术研究上大量采用信息技术、生物技术等，水平有所提高。在此期间，共承担各类研究项目 70 多项，发表学术论文 1000 多篇，出版专著 40 部，获得国家科技进步奖 6 项，省部级科技进步奖 26 项。1981 年获得森林保护学硕士学位授予权，培养硕士研究生 14 名。

三、加速发展阶段（1998～2008 年）

在研究机构的设置上，从 1998 年起中国林科院在内部将森林保护研究所与森林生态研究所合并，建立森林生态环境与保护研究所。2005 年得到中央机构编制委员会办公室正式批准。在所内森林保护学科结构仍如旧，涉及的研究领域有所扩展，包括森林昆虫、森林病理、生物防治、森林有害生物检疫、森林防火等。亚林所、热林所的森保学科结构也有变化，按其特点，有的侧重发展应用微生物等。2002年，成立了“国家林业局林业有害生物检验鉴定中心”。全院森保学科的研究方向，定位为：应用基础研究、应用研究和基础科学数据（资源）积累并重，解决林业生产中的重大关键技术问题，为森林有害生物防治、森林防火提供技术支撑。在此期间承担各类研究项目140多项，发表学术论文500多篇，出版专著20部，获得国家科技进步奖5项，部省级科技进步奖12项。2000年获得博士学位授予权。在此期间共培养硕士研究生25名，博士研究生14名。

第二节　主要成就

一、森林昆虫学

（1）生物学与分类学方面。20世纪五六十年代总结并研究了黄脊竹蝗、杨树天社蛾、光肩星天牛等180多种森林、园林害虫的生物学特性和防治方法，出版了《园林树木害虫防治法》；摸清了马尾松、落叶松、油松、云南松、思茅松毛虫的分布、生活史、越冬场所、发生量与环境的关系，不同发育时期天敌种类及对松毛虫种群数量消长的影响等。20世纪八九十年代，对膜翅目广腰亚目昆虫进行系统研究，出版了《中国经济叶峰志I：膜翅目广腰亚目》；出版专著《中国蚂蚁》，收录中国蚂蚁230种，发表新种8种；研究并出版了《林木害虫天敌昆虫》，介绍了132种林木害虫天敌的生物学及利用技术；研究了48种危害竹子的害虫生物学特性、发生规律及防治方法；研究并出版专著《中国小蠹虫寄生蜂》，发表5新属，112新种；组织全国森林昆虫研究人员编写出版了《中国森林昆虫》，描述了我国13目141种824种森林昆虫（螨）的形态学、生物学、生态学特性及防治方法，成果获1999年国家科技进步二等奖。出版了《拉汉英昆虫蜱螨蜘蛛线虫名称》为昆虫学研究和教学提供参考。近年来，研究了我国扁叶蜂系统学，出版了《中国扁叶蜂》，收录我国扁叶蜂科7属45种，发表9个新种。

（2）重要森林害虫虫情监测及预测预报方面。20世纪五六十年代开展了“马尾松毛虫预报研究”，其成果对预测松毛虫发生期、发生量有重要作用。进入八九十年代，进一步研究了松毛虫种群空间分布型，总结出一套省时、简便的松毛虫抽样调查方法并在生产上大面积推广应用。研究利用航空录像设备及遥感技术大面积监测松毛虫的发生及松材线虫引起的松树死亡。从90年代开始，研究利用化学信息素监测森林害虫的发生。鉴定出靖远新松叶蜂性引诱剂的主要成分，最佳使用剂量。近年来，鉴定了松属植物、柏科植物挥发物和红脂大小蠹、松毛虫、美国白蛾、松叶蜂、花绒寄甲、双条杉天牛、纵坑切梢小蠹等昆虫信息素成分，有的已利用于虫情监测。研究了植物挥发物与昆虫信息素间的相互作用等，探索了植物、害虫和天敌昆虫三者之间相互作用的化学机制。

（3）重要森林害虫的生物防治方面。早期研究了野外释放黑卵蜂、赤眼蜂等寄生蜂防治松毛虫，利用白僵菌、苏云金杆菌防治森林害虫，率先研制出我国第一个苏云金杆菌杀虫剂。20世纪八九十年代，研究利用杨尺蠖核型多角体病毒防治杨尺蠖效果显著，并大面积推广应用；松毛虫细胞质型多角体病毒杀虫剂中试，提出了病毒复制、提取及加工的最佳工艺参数，林间应用防效良好。研制了苏云金杆菌的不同制剂并提出了制剂的行业标准。近年来，筛选出美国白蛾、光肩星天牛等害虫及花绒寄甲、大唼蜡甲等捕食性天敌昆虫的人工饲料配方，开始了规模化饲养，为生物防治产业化开辟了道路。在美国白蛾、松褐天牛、红脂大小蠹发生区，推广应用了周氏啮小蜂、花绒寄甲、大唼蜡甲、肿腿蜂等天敌昆虫；在松毛虫、杨树食叶害虫发生区，成功地推广了松毛虫质型多角体病毒、春尺蠖核型多角体病毒、美国白蛾核型多角体病毒、茶尺蠖核型多角体病毒、杨扇舟蛾颗粒体病毒等。综合应用天敌昆虫和病原微生物防治美国白蛾达到持续控制的目的，使美国白蛾防治试验区连续6年不成灾，成果获2006年国家科技进步二等奖。

（4）森林害虫的综合管理方面。经过长期研究，总结出版了《松毛虫综合管理》一书，对松毛虫防治提供技术指导。在“二、三代类型区马尾松毛虫综合管理技术研究”中，从系统学的角度出发，研究各种措施对松毛虫种群的长期影响，制立了综合管理策略，控制松毛虫灾害，为松毛虫可持续管理提供示范。研究利用灯诱和密源地施药，辅以释放赤眼蜂和新竹竹腔注药，有效防治了竹螟危害。经20多年研究，提出以栽种I–69杨为主，辅以清除虫源木，保护利用啄木鸟、花绒寄甲、昆虫病原线虫等措施控制光肩星天牛危害的综合防治方法，得到推广应用。

二、森林病理学

（1）早期森林病理学的研究结合林业生产，对松树和杉木幼苗立枯病等进行调查研究，提出改进育苗技术与施用杀菌剂相结合的防治措施抑制了该病的危害。通过对落叶松早期落叶病的调查，提出营造混交林阻隔病原菌传播，利用杀菌烟剂控制空气中飘散的病原菌孢子等防治措施，防效明显。摸清了杨树腐烂病的流行规律，提出选择抗病品种是预防杨树腐烂病的关键技术。通过对“毛竹枯梢原因及防治”的研究，提出以钩梢为主的营林措施与药剂防治相结合的防治方法，有效控制了该病害的危害。

（2）20世纪八九十年代，中国林科院森林病理学围绕植物线虫危害，杨树病害、植原体病害等开展研究。在杨树病害方面，研究了杨树水泡溃疡病、腐烂病、黑斑病、花叶病毒病、炭疽病、毛白杨锈病等病害的病原学、病理学、抗病品种选育及防治方法，出版了《杨树病害及其防治》，选育出适合华北地区栽培、抗溃疡病的三个杨树品种。在植原体病害方面，研究了泡桐丛枝病的病原、传播途径、发病机制、发病规律并提出了防治技术。发展了DAPI荧光显微技术、组织化学技术和16SrDNA扩增技术等新的检测技术，相继发现重杨木丛枝病、油桐带化病、国槐带化病、山楂丛枝病、杉萎缩病、紫穗槐带化病等的病原均为植原体。在植物线虫分类与病原线虫学方面，在全国林业系统率先创建了植物线虫学学科领域。出版了《松树萎蔫病防治》等；利用扫描电镜、酶电泳技术等，确定了我国分布最广的4种根结线虫和3个新种，筛选出根结线虫拮抗菌；通过对松材线虫病的研究，摸清了松材线虫病的病原、传播途径、不同松属植物的抗病性等，探索了发病机理和早期诊断技术。除此之外，在这一时期还建立了“林业微生物菌种保藏管理中心”，研究了油茶炭疽病和杉木炭疽病的防治技术，出版了《中国森林病害》和《中国乔、灌木病害》，对我国发生比较严重的250种病害的病原、症状、分布、发病规律和防治方法进行了总结。

（3）近年来院森林病理学研究在病害生态控制方面，掌握了全国29省（自治区）杨树溃疡病和腐烂病的生态地理分布规律，确定了树木溃疡病原真菌类群分子遗传多样性，提出基于根系—根际微生态环境耦合优化控制病害的理论并研制出杨树抗逆保健剂，可增强杨树抗病性。研究建立了木麻黄苗圃、大田接种根瘤菌技术体系，在生产上推广应用，降低了木麻黄青枯病引起的苗木死亡率。在病害生物控制方面，研究利用茯苓、松生拟层孔菌等担子菌控制松材线虫的生长和繁殖，利用拟青霉等真菌制剂防治根结线虫，利用栗疫病弱毒株系防治栗疫病等取得良好进展。在植原体和病毒病害研究方面，开展了泡桐丛枝病、桑萎缩病、枣疯病、冠瘿病等病害病原的分子鉴定；对植原体与泡桐互作的生化与分子机制进行了系统研究。在菌种保藏技术研究方面，建立了组织培养与低温长期保藏植原体技术、松材线虫活体保藏技术。菌种保藏中心现保藏有真菌、细菌、病毒、植原体、线虫等菌种共4100余株。

三、生物入侵预警与管理

近年来开展了林业外来有害生物风险预警研究。利用各种模型，对松材线虫、红脂大小蠹、美国白蛾、栎树猝死病菌、枣实蝇、桉树枝瘿姬小蜂、刺槐叶瘿蚊、刺桐姬小蜂、椰心叶甲、悬铃木方翅网蝽等我国近年来新发现的重要外来有害生物在中国的适生区进行了分析，为预防这些有害生物在中国的扩散提供依据；首次开展了引种植物的风险评估研究，制定了相关的技术标准和技术规程，评估了1000多种重要的经济、生态植物；首次从景观尺度研究松材线虫和红脂大小蠹等入侵物种的入侵和扩散机制；基于GIS平台，建立入侵物种的区域监测和预警模型；建立防治外来有害生物的综合调控技术体系和区域性试验示范区。

四、森林防火

早期开展“南方林区火灾防止和消灭方法的研究”、“化学灭火剂的研究”以及航空灭火，灭火器械研究等取得一批成果。近年来，着重开展了利用树种自身阻火机制建立防火林带的研究，提出了防火林带的火环境、树种和林带结构三个层次上的阻火机理，研究提出了防火树种筛选的多目标决策方法和防火树种筛选模型；建立了防火树种数据库，提出了防火林带营造技术。出版了《防火林带利用与应用》等。

第八章 森林植物学

第一节 发展历程

森林植物学是植物学的分支学科，是中国林科院的基础学科。

1953年中国林科院前身中林所时期设标本室；1955年该所设立森林植物研究室，研究树木学、森林植物地理、树木生理并建立树木园；1956年中林所设立形态解剖及生理研究室（1962年更名为树木生理研究室），研究内容涉及植物解剖、树木营养、抗寒与抗旱性、生长素、根菌及耐荫性等。

1958年成立中国林科院，林研所将森林植物室和形态解剖及生理室改为研究组分设在森林经营室和树木改良室内；1962年林研所恢复树木生理研究室，又在海南岛尖峰岭设立热带林组，同年定为热带林业试验场（1963年改为热带林业试验站），研究内容涉及植物分类、树木生理并建立热带树木园。同年在云南省景东成立紫胶研究所，该所设立寄主树研究室，涉及植物分类、生理生态；1964年在浙江省富阳成立亚热带林业试验站，竹类研究是重点；1978年恢复中国林科院建制后，林业所成立了植物研究室，树木生理生化研究室、森林环境保护研究室，亚林所设立竹类研究室；1980年林业所建立了树木胚胎学实验室。1990年成立了ABT研究开发中心，1994年将林业所管理的植物室与环保室分出另成立中国林科院森环所。1995年成立了林业部竹子研究开发中心（委托中国林科院管理），1979～2005年中国林学会相继成立了“树木引种驯化”、“杨树”、“桉树”专业委员会、灌木分会和竹子分会，挂靠在中国林科院林业所和亚林所。

第二节 主要成就

一、树 木 学

1956年发表了《中国松属的分类与分布》，记载了19个种与变种，是我国松属分类与地理分布的先驱经典文献之一，具有重要的学术价值；1957年出版的《中国树木分类学（第3版）》是我国早期的大学树木学经典教材，同年还出版了《陕甘宁盆地植物志》，中国林科院成立后，与苏联开展“中国西南高山林区植物条件、采伐方式和集材技术”的合作研究，1963年中国林科院提交了《西南高山林区森林综合考察报告》专集，其中涉及森林植物学等学科，至今仍具有重要的科学和实用价值，该成果列入国家科委1964年成果公报，1961年出版了《中国森林植物地理学》；1978年中国林科院主编的《中国植物志》第七卷，该书记载4纲8目11科41属236种47变种43栽培品种，几乎占世界种类的一半，其中外来物种1科7属51种2变种，该书被誉为是我国裸子植物分类史上的里程碑。

1983～2004年，中国林科院主编了《中国树木志》第1～4卷，该志收录树种共179科1103属近8000种（含亚种、变种、变型和栽培变种），这是我国最完整的树木学巨著，具有很高的学术、实用价值。

此外，在以下几个方面也取得了不少研究成果。如地区性植物森林学有：1984年出版的《华北树木志》记载89科245属1998种；1991年出版《中国海南岛尖峰岭热带森林生态系统》；2000年出版的《长江三峡库区陆生动植物生态》，其中重新发现了崖柏这个被认为是绝灭的树种。国外树木学和树木地理学研究有：1983年出版的《国外树种引种概论》；1991年出版的《中国桉树检索表》；2005年出版的《格局在变化：树木引种驯化与植物地理》。专类森林植物学有：1989年主持的“泡桐属植物种类分布及综合的特性研究”；1989年出版《中国山茶》；1994年出版的《中国竹类植物图志》、《棕榈藤的研究》。树木园研建有“安吉竹种园”、“海南岛尖峰岭热带树木园”、“大青山石山树木园”。

二、树木生理生化

中国林科院在该领域主要成绩有：杨树水分生理及其应用研究。杨树丰产栽培的生理学基础，毛竹林养分循环规律及其应用，林木稳态矿质营养理论与技术研究及应用。1995年出版的《胡杨林》是世界上最早的胡杨研究专著。

在生理活性物质研究的主要成绩有：稀土在育苗和经济林上的应用研究，ABT生根粉系列的推广，TDS植物生长调节剂提高板栗结果率技术，绿色植物生长调节剂（GGR）系列研究开发与推广。

在抗性生理也做了大量工作，1984年研制成功开顶式样熏气装置用于模拟大气污染，酸雨对林木的影响，1988年进行营养调控对酸雨区受害森林的复苏，2006年主持木本植物对大气污染、土壤重金属污染的适应机理及植物生态修复技术的研究课题。

在保育植物学研究方面主要有：1989年出版的《中国珍稀濒危植物》；1992年出版的《主要珍稀濒危树种繁殖技术》；1996年出版的《中国自然保护区》等专著。在古植物学、古树方面的研究有1989年出版的《中国第三纪的栎树》以及近年来开展的研究古树地理学、树木衰老学以及古树复壮技术等课题。在树木胚胎学的研究上有“杨树杂交胚胎学的研究”，1996年出版了《木本植物有性杂交生殖生物学图谱》英文版。

中国林科院森林植物学科共获研究成果奖励20余项次。其中，ABT生根粉系列的推广1996年获国家科技进步特等奖，《中国植物志》第七卷（裸子植物）1982年获国家自然科学二等奖；出版专著20余部。

第九章 森林土壤学

第一节 发展历程

森林土壤学是土壤学与林学、生态学的交叉学科，是中国林科院林学研究的基础学科。

（1）研究机构。1957年在林研所内设有森林土壤研究室，20世纪60年代改组为森林土壤生态室的森林土壤研究组；1978年，正式成立森林土壤研究室至今。京内外营林研究所、中心也都设置了研究机构或配备土壤专业人员参与研究。

（2）研究内容。从森林土壤资源可持续利用到与生态建设和环境健康之间的关系，展开了系列研究。

第二节 主要成就

该学科有16项次科研成果获得国家和省部级科技进步奖，其中获国家科技进步二等奖1项、三等奖1项，林业部科技进步一等奖1项、二等奖3项、三等奖10项，同时培养造就了一大批高层次人才。

一、森林土壤资源可持续利用研究

（一）资源分布及合理利用

我国森林土壤资源约占国土面积的30%左右，土壤类型繁多，林业用地总面积约2.85亿公顷，为林业发展提供了物质基础。该研究就其资源分布、合理利用提交了3项科研成果。

《中国森林土壤》研究专著首次系统深入地揭示了我国14个主要天然林区森林生长与土壤间的相互关系规律性，阐明我国森林土壤基本性质和森林土壤生产力的特点以及森林土壤资源的分布规律，提出了保护和合理利用并改良森林土壤的措施与途径，为发展农林业生产提供了森林土壤方面系统的理论依据。

《中国主要造林树种土壤条件》详细论述了我国22个主要造林树种的土壤条件、土壤与树种间的相互关系规律性、林业土地评价及提高土壤生产力措施，对造林地选地、适地适树、发展和恢复森林质量等高效可持续林业措施起到了积极作用。

黄泛平原林地资源调查。采用调查研究和较长期定位观测的方法，提出了林地资源利用途径和基本措施。

（二）森林土壤定位研究

该研究是把森林土壤作为森林生态系统的重要组成部分，是有机循环林业的基础。20 世纪 50 年代开始先后在四川米亚罗林区冷杉林下的山地棕色针叶林土、江西大岗山杉木、马尾松、毛竹人工林的红壤等 9 种土壤上进行生态定位研究。积累了森林土壤内物质与能量循环与森林生长相互关系的资料，定量动态地揭示了森林植物对土壤的影响，找出了影响林分生长的主导因子和保障因子，探明了有机循环林业可持续发展的机理，为提高森林土壤生产力提供了科学数据。

（三）森林土壤标准化建设

森林土壤分析测定和森林土壤标准物质是林业生产、科研和教学工作的重要工具，制订国家标准，可以使不同单位对测定项目都能取得比较准确的可以相互比较的分析结果，并可采用同一方法的评价指标，利用各项数据。该研究先后研制出：

（1）森林土壤分析方法国家标准；

（2）森林土壤标准物质研究；

（3）森林土壤分析方法林业行业标准。

二、森林土壤学科与生态建设、环境健康的研究

（一）森林立地分类和质量评价研究

森林是陆地生态的主体，森林立地研究是实现科学造林、营林十分重要的应用技术基础工作，该研究提交了 4 项研究成果。

用材林基地立地分类、评价及适地适树研究。该成果通过对我国东部季风区从寒温带到北热带 14 个重点用材林基地，9 个造林树种进行的森林立地调查，建立了我国森林立地分类系统（包括地位指数与数量化地位指数模型、标准收获量模型及森林立地与立地质量树种换代评价体系表）评价系统、应用技术系统（包括森林立地分区特征综述、森林立地类型划分、质量评价、图的绘制、调查研究方法和数据库等）成果在东北山地林区、华北中原平原农用林区、南方丘陵山区用材林基地及世界银行贷款造林建设中应用，推广面积 500 万公顷。

太行山立地类型分类评价及适地适树的研究。该成果采用定性研究和定量分析的方法，编制出《太行山立地类型表》，绘制了《不同比例尺的系列立地类型图》，提出了立地评价适地适树原则、方法和指标。杉木、杨树人工林地力衰退原因机制及其维护地力措施研究，揭示了连载后地力下降的原因和解决产量下降的办法。

三峡库区坡地植被研究。提出以速生、萌芽力强、能固氮的多年生乔灌草实施生物篱复合农林经营技术、是防治亚热带坡地水土流失、土壤退化、合理利用土壤资源的途径。

（二）林木营养及施肥研究

通过测土配方施肥方法，制订施肥技术以提高森林生态系统的质量，这方面的研究共取得：意大利 214 杨林地施肥效应系列研究，整地施肥对淮北低产杨树人工林综合效应研究、速生用材树种合理施肥技术研究，杉木种子园施肥研究，毛竹伐桩内施（化）肥方法及效益，毛竹林大小年改制技术和施肥制度研究 6 项成果。

三、森林土壤学科建设及人才培养

中国林学会和中国土壤学会下设的森林土壤专业委员会一直挂靠在中国林科院，每4年召开一次学术讨论会，到2007年共召开了9次，对学科建设产生了积极的影响。同时在研究工作中也培养和造就了一大批森林土壤学科高层次研究和技术人才，先后有研究员12人，副研究员5人，高级实验师6人，培养硕士和博士研究生共11名，公开出版专著和论文集24部，论文500多篇。

第十章　园林植物及观赏园艺

第一节　发展历程

园林植物及观赏园艺学科是林学之下的二级学科，是中国林科院林学研究的应用基础学科。

20 世纪 50 年代，中林所时期就开始园林植物栽培、引种、驯化及园林规划与绿化等应用研究和技术工作。中国林科院成立后，林研所设立树木园研究组，1978 年建制恢复后，全院营林研究所相继开展了该学科的研究工作。

1996 年成立中国林科院花卉研究与开发中心，挂靠在林业所。该中心由林业所、亚林所、资昆所和辽宁省经济林研究所联合组成，主要任务是承担与组织国家、省市或部门的花卉研发、信息、交流与合作、示范基地建设等工作。1998 年城市林业研究室并入该中心，1999 年又分别在亚林所、资昆所建立了华东、西南两个分中心。2003 年，机构和研究方向进行了调整，设立树木生理生态、花卉、城市林业 3 个研究室，航天育种、湿地研究 2 个中心和北京、富阳、昆明、大连 4 个基地、2 个分中心。在园林植物抗逆育种、逆境生理生态以及野生花卉种质资源的调查等 6 个研究领域开展工作。

华东分中心挂靠单位亚林所。20 世纪 80 年代，设立了以山茶花为重点的花卉研究组。同时还对木兰科树种、竹类植物开展研究，进入 21 世纪就园林植物的抗逆育种开展了工作。

西南分中心挂靠单位资昆所。以西南地区的野生观赏植物为主要对象开展研究工作。

中国林科院热林所。20 世纪 90 年代初，确立了与人居环境质量密切相关的园林植物与观赏园艺的研究方向。

第二节　主要成就

园林植物与观赏园艺先后承担了“948”项目、国家林业局区域化试验项目、科技部转基因产业化专项、国家“863”、国家农业科技成果转化资金项目、中奥国际合作项目以及省（自治区、直辖市）的科研项目等 80 余项，获国家发明专利 15 项、完成行业标准 8 项、完成森林公园生态风景林等规划设计 100 多项、出版专著 16 部、发表论文 300 多篇。研究成果主要体现在：

（1）园林植物种质资源调查、收集、评价与栽培技术研究先后开展了山茶属植物、木兰科植物、草坪草、地被植物、地锦、盐生植物及竹类等种质资源。

（2）利用生物、航天等高新技术，创新园林植物种质资源。通过组织、细胞、原生质体等培养手段，建立了野牛草、结缕草及草地早熟禾等草坪草的植株再生体系；利用航天搭载草坪草、地被类植物、造林绿化树种和草盆花类植物的种子，筛选出25个突变体或新品系。

（3）园林植物逆境生理生态。从个体到分子水平研究了植物对逆境的适应机理、植物抗逆潜能及其分子机制，为品种筛选和土壤生物修复提供重要参考。

（4）园林植物标准化生产和栽培管理技术。开展了专用植物生长调节剂的筛选和改良，研制出有特色的生长调节剂配方并批量生产等。

（5）现代城市林业理论及规划研究。先后完成了广州市城市林业现状调查与发展、高层建筑屋顶绿化技术等20多个城市林业建设项目。

第十一章　野生动植物保护与利用

第一节　发展历程

1978年中国林科院恢复后，林业所设立了动物组，开始了野生动植物保护与利用研究工作。1982年，中国林科院成立了全国鸟类环志中心。1995年动物室与全国鸟类环志中心合并。1999年成立国家林业局全国野生动植物研究与发展中心，研究人员增加，研究内容扩展，取得不少成果。

第二节　主要成就

（一）新疆珍贵动物调查

1981年承担新疆珍贵动物调查项目，先后对新疆卡拉麦里山动物资源状况，河狸的资源状况进行调研， 提出划建新疆卡拉麦里山有蹄类自然保护区建议，出版了《新疆珍贵动物图谱》。

（二）麋鹿再引进

1986年，承担麋鹿再引入研究项目，在江苏大丰等地开展了麋鹿对环境的适应、利用、栖息地变化趋势及管理研究。使得大丰麋鹿种群从引入时的39头增至1993年的154头，确保了麋鹿再引入获得成功。

（三）鸟类环志

1982年在中国林科院成立全国鸟类环志中心。1983年首次在青海湖自然保护区进行环志试验，截至2008年鸟类环志中心累计环志鸟类700余种227.4万余只，环志数量连续7年位居亚洲之首。1983～2008年确认回收记录有140种1124只。中心承担了“中国东部沿海猛禽迁徙规律研究”等课题，完成了《全国鸟类资源调查技术规程》的编写工作。2001年开始利用卫星跟踪黑颈鹤迁徙研究。2006～2007年开始对青海湖繁殖的渔鸥、斑头雁进行跟踪，这是我国有史以来第一次完成的卫星跟踪项目。经过25年的努力，我国候鸟类迁徙研究得到一些重要发现和成果，包括新发现的候鸟繁殖地、越冬地和迁徙中途停歇地，分析出一些水鸟、猛禽、雀形目鸟类的迁徙动态和趋势等，为鸟类资源保护和疾病监测提供科学依据。

（四）华南虎放归

2001年起，开展华南虎野化放归研究。与拯救中国虎国际基金会和南非中国虎项目中心签署了《“中国虎野化放归国际项目”国际合作框架协议》。2003年起先后将4只来自上海动物园的华南虎幼虎送往南非进行野化训练，现已相继产仔，共5胎8仔，存活5只。取得一定进展。

（五）朱鹮保护

开展国家一级保护动物朱鹮的研究，项目取得以下成果：①种群从2001年初的100只发展到2008年的近千只；②通过环境取样，证明朱鹮分布区的部分环境存在较严重的污染，提出环境改善建议。

（六）其他野生动植物保护与利用

开展了猎隼国际合作，野马放归自然及监测以及川金丝猴、蒙古瞪羚、黑叶猴、扬子鳄保护及放归自然等研究项目。开展了崖柏资源调查及扩繁技术研究，濒危植物刺五加保护对策研究，海南岛热带珍稀濒危树种，如四合木、杏黄兜兰、肉苁蓉、三尖杉、石斛兰、红豆杉的资源现状，致病因素及保育预案，国内外野生植物保护政策、法规及培育利用等项研究工作。

第十二章　林业资源昆虫

第一节　发展历程

一、初步形成阶段（1955～1978 年）

紫胶系统研究起始于 1955 年。初期开展紫胶虫生活史观测，紫胶害虫生物学特性观测，气象要素观测，紫胶虫寄主植物种类调查等。1962 年成立院紫胶研究所，围绕提高紫胶产量，开展紫胶虫人工培养技术，寄主植物筛选与培育，天敌防治、产区气候区划等研究和技术推广工作。“文化大革命”中，1970 年紫胶研究所下放云南、广西、广东等省（自治区），研究工作遭到很大损害。1974 年中国农林科学院组织南方 9 省（自治区）科研、生产单位的科技人员开展紫胶协作研究，在推广紫胶生产技术，扩大紫胶产区方面取得一定成绩。

二、恢复发展阶段（1978～1988 年）

1978～1987 年间，林业资源昆虫研究力量得到加强，研究领域从单一的紫胶研究逐渐扩大到五倍子、白蜡虫、食用昆虫、药用昆虫等资源昆虫的研究工作。

三、改革和发展初期阶段（1988～1998 年）

1988 年紫胶研究所更名为资源昆虫研究所。这段时期，紫胶研究主要集中在国外引进紫胶虫的生态适应性和区域性试验、紫胶虫及寄主植物的种质资源收集和保存、紫胶虫遗传育种试验、寄主综合利用的及紫胶改性加工等方面；白蜡研究主要集中在生物生态学，寄主范围，泌蜡规律及机理，天敌发生规律及防治，丰产技术等方面；五倍子的研究主要集中在倍蚜基础生物学研究和丰产技术研究；食用昆虫研究集中在种类收集鉴定、主要营养成分分析评述等。

四、改革发展的深化阶段（1998～2008 年）

从 1995 年开始，在调整学科、优化结构、建立高水平研究队伍方面进行了较大力度改革，增强了资源昆虫学科优势。1998 年以来，在应用基础研究、应用研究方面有了较大和较均衡地发展。承担国家、省部级、国际合作等 60 余个科研项目，涉及资源昆虫种质资源收集和保存、优质紫胶虫规模生产技术、白蜡虫同地产虫产蜡生产模式及综合利用、胭脂虫引种驯化、丰产技术和加工利用技术、角倍形成机理及生产技术、寄主植物抗旱机理及引种驯化、昆虫细胞工程、昆虫活性物质诱导及应用、药用昆虫规模养殖技术、昆虫生物化学与分子生物学、蝴蝶等观赏昆虫规模养殖和利用技术、食用昆虫及功能食品、重要林业传粉昆虫、环境昆虫学等研究研究深度和广度都比过去有较大提高。

第二节 主要成就

（一）在紫胶研究方面

从20世纪60年代起开展紫胶虫生物学及生产技术研究，幼虫涌散测报技术研究，为扩大紫胶产区，大规模发展紫胶产业提供了技术支撑，其成果“紫胶虫采种期综合测报技术研究”1978年获全国科学大会奖。对紫胶寄主树种类进行调查并提出了栽培利用技术；开展紫胶园树种配置技术的研究，为人工紫胶园的建立提供依据。研究了紫胶虫主要害虫紫胶白虫的生物学特性，并提出利用紫胶白虫茧蜂的生物防治技术。开展了云南省紫胶虫自然产区形成条件及其类型的研究和紫胶虫越冬保种研究。紫胶研究有力地促进了紫胶生产的发展，使我国紫胶产区由云南省的35个县扩大到包括云南、福建、广西、广东、四川、贵州、江西、海南、湖南9个省（自治区）的200多个县。我国紫胶虫的地理分布由北纬25°以南扩大到28°，向北推移了3°。由东经103°以西扩大到东经118°，向东推移了15°。紫胶生产形成一条产业链，产品从依赖进口到可以出口。紫胶科学技术水平上了一个台阶，其成果“我国紫胶生产技术的研究”获1991年云南省科技进步一等奖。

20世纪80年代后开始进行国外紫胶虫引种驯化研究，先后从泰国、孟加拉国、巴基斯坦、印度引进紫胶虫不同虫种，并进行生产适应性和区域化试验获得成功，对提高我国紫胶产品质量作出了贡献。开展紫胶虫种质资源收集与保存、建立了种质资源库并进行了遗传育种试验。开展了紫胶虫分子生物学和基因学的研究，利用分子标记和DNA片段测序等手段，研究和分析了具有主要经济价值的7种紫胶虫的起源和系统发育，在基础研究上取得重大进展。开展了久树、苏门答腊金合欢、木豆等紫胶虫寄主植物引种驯化及推广工作，为优质紫胶生产提供寄主植物基础。在紫胶加工技术研究方面，提出了紫胶色素提取工艺、精制漂白胶生产工艺和产品标准并形成产业规模。成果获得国家科技进步3等奖，云南省自然科学2等奖，国家林业局科技进步2等奖等多项奖励。

（二）在白蜡虫研究方面

从1979年开始，系统地研究了白蜡虫生物学、生态学特性及泌蜡规律，白蜡虫生产模式和丰产技术，白蜡虫天敌种类、动态和危害规律，在白蜡虫泌蜡机理等基础研究上取得重大突破，提出了同地产虫产蜡的新生产模式。开展了白蜡虫及白蜡精加工技术及综合利用研究，高级烷醇提取和纯化技术等方面取得较大进展。

（三）在五倍子研究方面

从1981年开展五倍子研究。调查了五倍子种类、资源及生产现状，为政府决策提供依据。系统地研究了角倍蚜、肚倍蚜的生物学、生态学特性；倍蚜瘿外世代人工培养技术。阐明了倍蚜虫冬寄主种类、生境与繁殖栽培的关系。提出了野生倍林保护利用、改造利用技术、角倍人工培植技术、肚倍林营建技术等。成果在五倍子主产区大面积推广应用，使五倍子生产实现了规模化人工培植，产量迅速提高。在基础方面，研究了13种倍蚜虫的支序分类，分子标记和DNA片段测序，理清了五倍子蚜虫的亲缘关系和系统发育。五倍子研究成果获得云南省科技进步2等奖，林业部科技进步2等奖等多项奖励。

（四）在蝴蝶资源开发利用研究方面

资源昆虫研究所、热带林业研究所等都开展了这方面的工作。资昆所在蝴蝶人工养殖方面，实现了25种观赏蝴蝶的规模化人工养殖，获得10项国家专利。在全国各地拥有4个蝴蝶养殖基地，总面积达1000多亩，蝴蝶生产能力达300万只／年以上，开展蝴蝶标本和工艺品的创意设计、加工与生产制造，取得了重大的经济效益。热林所在海南岛共发现蝴蝶610种，有31个新亚种、45个中国分布新纪录，发现并命名18个新种。在研究蝴蝶生态学、生物学及抗逆性基础上在海南岛亚龙湾建成第一个天然与人工相结合的大型蝴蝶园，产生了良好的社会生态效益。成果获1998年海南省科技进步一等奖。

（五）其他资源昆虫

资源昆虫研究所开展了胭脂虫引种驯化、生物学生态学研究，提出了与种植仙人掌配套的规模化养殖技术。“云南民族食用昆虫资源考察及利用前景评价”第一次对食用昆虫资源和利用作了全面调查，记载了177种中国食用昆虫及食虫文化。2002年获云南省科学技术奖自然科学类二等奖，为食用昆虫的利用指出了发展前景。系统地研究了主要药用昆虫喙尾琵琶甲的生物学、生态学特征和人工养殖技术，掌握了规模养殖技术，研究了喙尾琵琶甲活性物质和药理。开展了膏桐、油茶、木豆等主要树种的传粉昆虫的研究。

（六）昆虫生物技术

开展昆虫细胞工程研究，开始系统收集、保持和建立昆虫细胞系，在国内率先建立昆虫专业细胞库。开展昆虫活性物质研究，进行了昆虫活性多糖、抗菌肽的诱导、提取、纯化技术和昆虫细胞表达系统等研究，昆虫多糖特性及活性等研究取得较大突破。

（七）资源昆虫产品研发

开展了昆虫化工产品、昆虫功能食品、昆虫药的研发。重点研究紫胶漂白胶加工技术、紫胶水果保鲜剂、白蜡精加工技术、胭脂红色素分离提取技术等综合利用研究，昆虫卵功能食品研究，取得专利10余项，制定相关标准8项。

第十三章　水土保持与荒漠化防治

第一节　发展历程

水土保持与荒漠化防治学科是中国林科院主要的实用学科之一。

1955年，中国科学院成立“黄河中游水土保持综合考察队”，邀请中林所两位先生分别担任林业组正、副组长，并负责筹建“榆林红石峡试验站”。

1957年考察队增设固沙分队，在内蒙古、陕西、宁夏等省（自治区）考察，成立了展旦召治沙站，并在沙坡头采用苏联的草方格固沙技术，为“包兰线”铁路固沙提供了示范。

1959年，中国科学院治沙队成立，中国林科院负责在内蒙古巴彦卓尔盟成立了磴口治沙综合试验站，1965年院承担了铁道部乌达至吉兰泰（三吉线）的铁路规划设计任务。进入20世纪60年代，院在林研所内成立固沙组，为该学科的发展奠定了基础。

院恢复建制后，在林业所内设立防护林研究室，承担防沙治沙、水土保持的研究课题；1979年院在内蒙古磴口成立实验局，为院防治荒漠化的实验、示范、推广基地。

1995年，《联合国防治荒漠化公约》中国执委会秘书处（林业部）决定依托院成立中国防治荒漠化研究与发展中心。中心成立以来，举办了各部委数据库与网络设计、履约指标和标准两次研讨会并对网络操作员进行了培训,研制了中国县域网示范——内蒙古尹金霍洛旗荒漠化信息与交换网络系统。

进入21世纪，院先后与西部四省（自治区）人民政府签定全面技术合作协议，相继成立了甘肃省中国林科院民勤治沙综合试验站，青海高原生态林业研究中心，中国林科院内蒙古分院、新疆分院。

第二节　主要成就

经过50年的不懈努力，在水土保持与荒漠化防治学科，特别是在防沙治沙的应用基础与应用技术方面取得一系列具有前沿性和实用性的科研成果。

一、基本摸清了沙漠、沙地及水土流失的家底

1959～1963年，通过大规模沙漠、沙地综合考察，基本摸清了我国7大沙漠4大沙地的面积、类型、分布、成因、自然条件、社会经济条件等，首次编绘了《1：100万中国沙漠分布图》，先后在内蒙古磴口、陕西榆林、甘肃民勤、青海沙珠玉、内蒙古伊克昭盟（今鄂尔多斯市）新街以及展旦召等地，开展了沙地土壤、植被特性和植物固沙、机械固沙技术等研究。1980年院对山西、河北、山

东、河南四省水土流失状况进行了科学考察，1981 年又对湖南、江西、湖北、四川的低山丘陵和高山峡谷区水土保持状况进行了全面考察，引起了国家高度重视。2007～2008 年，由中国林科院牵头开展的库姆塔格沙漠综合科学考察项目取得了多项重要成果：一是初步探明了羽毛状沙丘的形成机理；二是建立了全天候的实时气象观察场；三是摸清了野生动植物种类和分布区；四是发现沙生柽柳、白花柽柳、侧花沙蓬 3 个物种新的分布区；五是探明了该沙漠中的 10 条重要河（峡）谷，并绘制了现代水系图；六是初步提出了该沙漠及周边区域的生态功能分区与治理方向。

二、基本建成了野外观测网与试验示范基地

按照我国荒漠化气候分布和主要沙化土地、石漠化类型分布和《全国防沙治沙规划》、《岩溶地区石漠化综合治理规划大纲》等需求，牵头完成了“全国荒漠生态系统野外观测台站网络”框架设计和总体规划，分别在 6 大区域 23 个亚区（类）设立观测场（群），每个观测场（群）则由数量不等的生态站（点）构成，涵盖了我国 8 大沙漠，4 大沙地并兼顾中南、西南一些非典型性沙地、岩溶石漠化、干热河谷等区域。主持编制了第一部《荒漠生态系统野外观测方法》，2003 年正式出版，牵头制定的建站标准等多项行业标准已颁布实施。2008 年国家质检总局批复同意成立全国防沙治沙标准化技术委员会，挂靠中国林科院；经过 50 年的研究，已在“三北”地区 8 省（自治区、直辖市）建立了 10 大研究基地，50 多个示范小区，示范面积超过 6.7 万公顷。

三、取得了一批研究成果

截至 2008 年底，该学科共获国家和省部级科技进步奖 15 项，其中，“沙漠化发生规律及其综合防治模式研究”，揭示了沙漠化发生规律，建立了沙漠化发生、发展及荒漠化监测与评价的理论框架，筛选出 11 种极端环境条件下的治沙植物材料，集成了四大荒漠化类型的防治技术与模式，示范面积 6700 公顷，该成果获国家科技进步二等奖。“大范围绿化工程对荒漠环境质量作用的研究”，首次提出了以林为主的绿化工程，在荒漠化土地资源开发中改善区域环境的数量化指标、经济指标，该成果获林业部科技进步一等奖。“太行山水土保持林系列化造林技术”，充分利用天然灌草植被，人工适当增加针阔叶树种，形成复层结构的水土保持林；采用不同配套技术营造人工水土保持林，形成系列配套技术等，上述技术在国内外均属首创。该成果与其他 6 项成果获省部级二等奖，另有 5 项成果获省部级三等奖。

四、提供技术和政策咨询，积极开展国际合作与交流

该学科拥有一批专业技术人员，团队中有 14 人具有博士学位，为国家防沙治沙工作提出很多建设性意见和建议。如 1997 年《关于防治荒漠化工程建设问题》得到了上级部门的充分肯定。2000 年以来共完成《国务院防沙治沙技术方案》等 21 项政策咨询活动。20 世纪 90 年代以来，该学科组先后与美国、英国、法国、澳大利亚、以色列、意大利等国家的科学家和联合国开发计划署等国际组织和机构，开展了全方位的有效合作，组织实施了联合国荒漠化公约能力建设、中国－澳大利亚防沙治沙示范、中国－德国治沙农场、全球沙尘暴综合研究等 10 多项国际合作项目，并多次参与组织和协办国际研讨会和培训班。

第十四章 防护林研究

第一节 发展历程

一、农田防护林

防护林研究是中国林科院最主要的基础理论与实用技术的学科之一。

1953年，中央林业部林业科学研究所成立后，组织有关人员赴河南省豫东平原开展农田防护林调查研究，1959年院在河南省睢杞林场建立以农田防护林为主体的速生丰产林试验示范基地，后逐渐发展到内蒙古、山西以及东北西部等地区。1964年院与中国科学院联合在吉林省白城首次召开了全国农田防护林学术交流大会，总结了我国农田防护林的研究进展，适合国情特点的农田防护林理论与技术。进入20世纪70年代，国家把林业纳入到农田基础建设上，在"山、水、田、林、路"综合治理中，发展"窄林带、小网格"为主的农田防护林建设被列为重点，中国农林科学院1976年主持召开了全国平原绿化科技协作会议，并制定了协作计划。由院林业所负责对华北、长江三角洲水网地区开展农田防护林试验研究。1978～1982年林业部以华北、中原为重点，连续召开了5次全国平原绿化会议并委托院开展技术培训工作，仅1978年在河北衡水就培训了全国120名技术骨干。期间，中国林科院相继开展了泡桐间作栽培技术、栽培方式的研究，农田林网营造管理技术及改善农田生态效益的研究，农田林网防护效益的研究，农田防护林的规划设计、营造和经营管理的研究、林网培育及其功能效应的研究。1982年国家科委把"黄淮海平原中低产地区农业综合治理与开发"列为国家重点攻关科技项目，院林业所先后开展了防护林体系配置研究、农桐间作综合效能及优化模式的研究、综合防护林体系配套技术及生态效益的研究、低山丘陵区农林复合系统的研究。2006年，院主持国家科技支撑重大项目——农林复合系统可持续经营技术研究课题，建立了四川阆中、江苏射阳、辽宁朝阳、黑龙江海伦、陕西岐山、山西吉县、河南济源、河南民权试验示范点，开展农林复合系统景观格局优化配置技术，系统设计与资源高效利用技术，系统经营管理技术体系研究。

二、沿海红树林

1986年中国林科院热林所成立了红树林研究小组，至1991年，开展了"海南岛清澜港红树林发展动态研究"，1991年院热林所承担国家科技攻关专题"红树林造林和经营研究技术"开展造林、引种及发展动态研究；1996～2000年承担"沿海红树林培育与经营技术研究"开展树种配套技术、退化次生林改造优化技术、优良速生植物北移引种技术、污染海滩造林技术、种源选择、防浪护岸效益及其机理与宜林环境指标、病虫害防治、湿地鸟类群落组成、活动规律研究等。2006年又承担攻关子课题“红树林保护与恢复重建技术”开展速生抗逆树种优化组合、半红树育苗造林技术、恶劣滩涂环境营造技术，互花米草生态控制技术，低效林改造技术集成、林带空间配置、效益监测及评价等研究。

三、长江中下游滩地抑螺防病林

中国林科院承担了“九五”科技攻关专题“长江中下游不同类型滩地综合治理与开发配套技术研究与示范”，重点开展抑螺防病林的营造技术、钉螺生理生化、树种选择及抑螺防病林的综合效益评价的研究，在1998年长江流域发生特大洪水灾害时，发挥了防灾、减灾的重要作用。1997年还承担了国家计委“长江中下游低丘综合治理与开发研究”课题。

四、森林生态网络体系

1998年院提出开展“森林生态网络体系”的研究工作，组织全国协作。1999～2001年分别在合肥、扬州、南宁召开会议，交流进展，研讨森林生态网络体系建设的“线、点、面”内容。“线”指主干流域、道路、铁路沿线防护林体系建设，“点”指发展城市林业促进城乡可持续发展；“面”指不同类型人工林培育基地。2002年院承担了国家科技攻关“中国森林生态网络体系建设点、线、面的研究与示范”三个课题，2005年三个课题通过验收。2003年完成了“中国森林生态网络体系建设研究、示范与应用”的研究课题。

第二节　主要成就

经过50多年的研究，院在防护林学科特别是农田防护林学科建设取得了一系列具有前沿性和实用性的研究成果。

一、农田防护林

提出了林带适宜的透风系数和林带防风效能的数学模型；提出了防护林体系结构配置理论及配置模式，即“空间上有层次、时间上有序列、效益上有连续”，以“带、网、间、片、点”为主体的综合防护林体系；提出了在保证防护效能的前提下，对防护林带实施半带、隔带等多种更新模式。

二、红 树 林

提出了如海桑、秋茄、木榄等乔灌木红树林树种的生境条件、育苗、造林技术，树种配置及乔灌木种类搭配模式等；提出红树林防风、消浪、缓流、促淤等效能的量化指标。

三、抑螺防病林

提出以生物为主、工程措施相互结合的技术体系，建立融抑螺防病、经济、生态三效一体的人工林生态系统——抑螺防病林。

四、森林生态网络体系

首次提出森林生态网络体系建设理论，并成为中国可持续发展林业战略的部分内容；提出了实施林业生态工程中，要将城镇、河流、公路、铁路与林区做为一个整体进行科学布局。

在这些研究成果中有20项获得奖励，其中国家科技进步二等奖3项，省部级科技进步一、二等奖各5项，出版专著15部。

第十五章　木材科学与技术

第一节　发展历程

一、初创阶段（1953～1958年）

我国木材研究最早可追溯至20世纪30年代北平静生生物调查所木材实验室的木材解剖实验工作和1939年中央工业试验所木材实验室的木材物理力学实验工作。1953年成立中林所，内设木材工业系和林产化学工业系，下有木材物理力学组、防腐组、胶合板组和鞣料组。木材工业研究室于1956年增设了木材构造组和干燥组。1957年成立森林工业科学研究所，下设木材性质研究室、木材机械加工研究室，开展了木材物理力学性质试验、木材解剖与识别试验、木材保管防腐试验、高温快速干燥试验、航空胶合板及血蛋白胶椴木和水曲柳胶合板工艺等试验。

二、蓬勃发展阶段（1958～1966年）

1960年森工所扩展为木材工业研究所，下设有木材性质研究室，木材机械加工研究室，人造板研究室，木材改性研究室等。全面进行中国主要树种木、竹材物理力学性质试验，木、竹材化学成分分析。人造板研究工作十分活跃，研究了小型纤维板生产流水线的机械化连续化，开发了全国第一套刨花板流水线。

三、挫折停滞阶段（1966～1978年）

1966年“文化大革命”开始。木材所下放江西，组成科研小分队，到上海和北京有关木材加工厂，进行一些技术服务性和技改工作，并开展了扩大树种利用调研。发表有中国重要工业用材——包装材、军工包装材、车辆材、造纸材等扩大树种利用研究论文；参加长沙马王堆一号汉墓木材与木制品的检测工作。

四、加速发展阶段（1978～2008年）

1978年木材所恢复建制。下设木材性质研究室、干燥研究室、防腐研究室、纤维板研究室、刨花板研究室、胶合板研究室、胶合剂和表面加工研究室、设备设计研究室、自动化设计研究室，科研工作重现欣欣向荣的景象。改革开放以来，科技创新水平提高。从研究木材化学组成到研究木材化学资源化利用，从研究木材小而无痴试件物理力学性质到规格材强度试验，从研究木材水分到研究木材流体关系学，从研究木材材性到研究材性培育利用关系学，从研究木材干燥防腐到研究木材增强、尺寸稳定、滞火阻燃、颜色调控和温致变色，从研究木质人造板到研究非木质人造板到木基复合材料和木基功能材料，从木材与木制品性能与缺陷的破坏性检测到无损检测等。

第二节　主要成就

一、学科专业

50 多年来，中国林科院木材科学与技术学科不断拓展，目前，有 14 个研究方向，并培养学位研究生，拥有 3 个硕士学位授权点，2 个博士学位授权点，1 个博士后流动站。

二、科研实力

在人才队伍方面，学科拥有国际木材科学院院士 2 人，研究员 17 人，博士研究生导师 12 人，硕士研究生导师 17 人。已初步建成一支学科齐全、结构优化的科技队伍。

在仪器设备方面，两次对仪器设备进行了整体更新和全面提升，第一次是 20 世纪 80 年代，与联合国 UNDP/FAO 合作的“木材综合利用研究”，引进了一批价值 215 万美元的科研试验研究设备；第二次是进入新世纪，与日本政府 JICA 合作的“中国人工林木材研究”项目实施，新增了价值 4000 多万元人民币的 399 台国际一流的精密仪器。目前，有仪器设备 1823 台（件、套），其中 5 万元以上的占 85.36%，价值近 6945 万元。

三、国际交流

已与美国、英国、加拿大、法国、新西兰、日本、德国、澳大利亚、韩国、马来西亚、菲律宾和印度等国 30 多个高等院校、科研院所建立了科技合作关系，每年平均接待外籍专家来访约 80 人次，选派科技人员出国考察、参加学术会议、进修和合作研究约 30 人次，承担重要国际合作项目 7 项左右，先后聘请了 12 位外籍专家担任客座教授。

四、科研成就

先后承担了国家多项重要科研项目，围绕天然生物质材料、复合生物质材料以及合成生物质材料方面做了广泛的研究工作。截至 2008 年年底，共取得科技成果 253 项；获得授权专利 68 项，制修订标准 124 项，出版学术专著 61 部，发表学术论文 1604 篇。

各研究领域具体科研成就分述如下：

（一）木材解剖学领域

木材识别和利用方面，主要研究成果有：《中国木材志》、《中国重要树种的木材鉴别、材性和利用》、《中国热带亚热带木材识别、材性和利用》、《木材学》、《东南亚热带木材》等专著，是我国国产木材和进口木材合理利用、节约利用的重要科学基础。《中国热带和亚热带木材识别、材性和利用》，系统研究了我国470种主要用材树种的分布、材性和用途，于1980年获林业部科技成果一等奖。《中国裸子植物材的木材解剖学及超微构造》，研究了100种木材的超微结构，为木材识别和树种分类研究提供科学数据，于1995年获国家自然科学四等奖。国家标准制订方面成果有：《中国重要木材名称》、《中国主要进口木材名称》、《红木》等，对合理利用木材、规范我国木材市场发挥了重要作用。

（二）木材化学领域

木材化学组成和结构方面的主要研究成果有：中国重要木材化学成分等。木材化学资源化研究主要成果有：木塑复合材料挤出成型技术，木质生物材料苯酚液化及其在树脂中的应用等。

（三）木材物理学领域

主要研究成果有：国产33种木材导热系数、射频下木材的介电性质、几种木材声学性质的测定、不同桉树人工林树种生长应变水平的评估、红松和水曲柳的板材干缩、红椎、西南桦、杉木和1–72杨人工林干缩特性等，其中“中国木材流体渗透性及其可控制原理和控制途径的研究”首次提出了国产40种重要树种木材渗透性参数，揭示了木材渗透性特点和规律。成果于1997年获国家科技进步三等奖。

（四）木材力学领域

木材力学性质方面的研究成果有：《国家标准木材物理力学性质试验方法的制订》等，这些成果是我国木材合理利用、节约利用的科学依据和进行木材物理力学性质试验的科学规范，在社会上得到了广泛应用；“人工林木材性质及其生物形成与功能性改良”研究成果揭示了人工木材性质的特点和规律，探明了人工林培育、木材性质及人工木材利用三者之间的关系，于2004年获国家科技进步二等奖。其他有：人工林木材断裂性质、干燥处理材的动态粘弹性等。近年来，开展了规格材的强度性能研究，这是木材力学研究领域的一个新的拓展，这方面的主要研究成果有：杉木人工林规格材的弯曲、压缩强度测试等。与此同时，木结构设计方面的研究逐步兴起，这方面主要研究成果有：重叠组合木梁的设计和实验研究，木结构房屋中木楼板的振动及其适用性设计等。

（五）木材材性与培育利用关系学领域

木材材性与培育及利用关系的研究是人工林发展过程中形成的重要学科。内容是从木材解剖、化学、物理、力学各方面揭示了我国人工林木材材性特点及其幼龄材与成熟材的材性差异规律和部分树种的天然林与人工林木材材性差异规律等，其中“中国主要人工林树种木材性质研究”成果于1999年获国家科技进步二等奖。

（六）木材干燥领域

在木材干燥机理方面研究了木材干燥过程中水分迁移变化规律等，研究成果有：“中国重要木材干燥基准的研制”、“南方24种难干硬阔叶材木材干燥工艺基准”等。在干燥设备与控制研究方面，“微电子技术在木材干燥中的应用研究”获得1990年林业部科技进步一等奖。

（七）木材防腐与阻燃领域

主要研究成果：有压缩木锚杆防护的研究、主要树种木材天然耐腐和抗蛀性试验研究、建筑用材防腐技术在古建筑上应用、WFR木材及人造板系列阻燃技术等。

（八）木材理化改良领域

木材理化改良方面的研究，已经形成了塑合木、压缩木、木竹材层积塑料、木材尺寸稳定化、木材染色、浸渍木、热处理等多个不同的木材改性研究方向，并取得多项成果，为改善木材性能、提高其综合利用率开辟了新的途径，尤其是为人工林木材的高附加值利用提供了理论指导和技术支撑，促进了木材工业的快速发展。

（九）人造板与胶粘剂领域

中国林科院人造板与胶粘剂学科领域是国内从事人造板研究和开发的最早学科，在发展我国人造板工业工程中起着引领作用。主要代表性成果有：航空胶合板制造技术、湿法纤维板制造技术、干法纤维板制造技术、中密度纤维板制造技术、刨花板制造技术、 间伐材指接技术、单板层积材制造技术、塑料和纸质贴面板制造技术、人造薄木制造技术、纤维模压门制造技术、干法无胶硬质纤维板制造技术、合成树脂胶合剂合成技术与热压胶合技术等、废弃木材循环利用技术等一大批开创性成果，为我国木材工业的发展提供了广泛科技支撑。

（十）非木质人造板领域

中国林科院非木质人造板学科领域从20世纪80年代就率先在国内研制成非木质人造板并建成相应的生产线。

主要代表性研究成果有：麦秸中密度纤维板成套生产工艺技术、麦秸、玉米秸秆、葵花秸秆人造板制造技术、棉秸秆、蔗渣、竹材中密度纤维板制造技术、烟秸秆人造板包装材料制造技术、无甲醛竹材人造板制造技术、无醛竹材集成材制造技术、高频法竹木复合轻质结构用板材制造技术、竹木复合集装箱底板制造技术、竹木复合结构的装饰木质板等。

（十一）木基复合工程材料领域

木材无机复合材料方面主要成果有：水泥刨花板、石膏刨花板、石膏纤维板、粉煤灰刨花板、无树脂粉煤灰刨花板等新产品。

木塑复合材料方面主要成果有：木基工程复合材料制造技术、木纤维／合成纤维复合工程材料、热固型木纤维／麻纤维／合成纤维三元复合工程材料和木塑复合装饰板等；有木塑复合刨花板、无甲醛胶合板等国家重点新产品及一种植物纤维模压制品的生产工艺等九件发明专利和实用新型专利。

（十二）木基功能材料领域

木基功能材料是设计制备新材料的一新兴领域。“十五”以来完成了以电磁功能、阻燃功能、声功能和光功能为主的木质功能材料制备技术的研究；开发了电磁屏蔽胶合板和静音地板新型木质功能材料；获得了导电功能木质复合板材的制造方法、电磁屏蔽功能胶合板的制造方法国家发明专利和陶瓷化单板层积胶合板、抗静电木质复合板等六件实用新型专利。

（十三）木材工业装备与自动化领域

该领域主要代表性研发成果中有：“胶粘剂制造过程自动化”，“快速装卸贴面压机机组”，“带图象的微机辅助国产木材识别系统的研制”，“LY/T1612—2004甲醛释放量检测用1m^{3}气候箱”等。工程设计方面完成了人造板工业工程设计项目40余项，产品涉及刨花板、纤维板、胶合板、石膏刨花板、纤维模压制品及棉秆、亚麻屑、玉米秆、芦苇、竹材、甘蔗渣等非木质刨花板等，用户遍及全国二十几个省（自治区、直辖市）。研发／设计成果有：微机化板坯密度检控仪、高质木铝复合窗加工工艺与设备、自适应模糊控制实验压机技术、人造板热压机工艺过程监测技术等。

（十四）木材标准化领域

国内木材标准化方面，从1965年到2008年共制定、修订、标准124项，其中制定标准90项、修订标准34项，国家标准92项、行业标准27项、其他标准5项，有17项标准获得省部级奖励。这些标准的制定对推动技术进步发挥着重要作用。国际木材标准化方面，承担了ISO/TC 218/WGE（木制品工作组）召集人的任务，负责ISO/TC 218《木材抗冲击弯曲强度的测定》、《木材硬度测定》、《木材抗冲击压痕测定》3项国际标准的修订工作和ISO/TC 89《细木工板》、《装饰单板贴面胶合板》2项国际标准的制定工作。

第十六章 林产化学加工工程

林产化学加工工程学科是林业工程的二级学科，该学科以森林生物质资源为主要研究对象，通过物理、化学和生物化学等手段，开发满足人类生产、生活需要的产品。该学科开创于1953年成立的中林所林产化学系，经过近60年的发展，颇具特色和优势，在国内外具有重要影响。

现分7个研究方向阐述如下：

第一节 萜类及松脂应用化学

一、发展历程

1960年成立松香研究组，1979年成立松香研究室。

该方向的发展经历三个阶段：

第一阶段（1960～1989年）主要进行了松脂采集、性质、加工和利用等4个方面的研究。

第二阶段（1990～2000年）主要工作是以松脂为原料创新研制各类精细化工产品。

第三阶段（2001～2008年）完成了《松香松节油稳定化及深加工利用技术与研究开发》等项目，并在成果转化及产业化方面开发了一批重要产品。

二、主要成就

近60年来，共承担完成各类科研项目143项。获全国科学大会奖2项，国家科技进步二等奖3项，完成的“氢化松香及其连续化生产工艺的研究”为林化工业高温高压加氢技术提供科学依据。开展的“浅色松香松节油增黏树脂系列产品开发研究”，采用新技术开发出10多种浅色松香、松节油增粘树脂系列产品，可改进胶粘剂色泽，提高助焊剂可焊性。承担的“松香松节油结构稳定化及深加工利用技术研究与开发”，在松香无色化机理、松香松节油化学结构稳定化及其产物深加工利用方面取得了重大理论和技术突破，解决了松香松节油结构稳定化关键技术问题获国家科技进步三等奖1项，完成的“氢化松香酯类系列产品研制和应用研究”，其深加工产品分别在胶粘剂制备、口香糖制造、焊接工艺改进等方面能提高产品质量和工艺效率。还获得国家科技星火四等奖1项，部、省级科技进步奖和科技成果奖27项，取得鉴定和验收认定的科技成果近50项。发表学术论文590篇，其中SCI收录18篇，EI收录32篇，出版著作1部，译作2部。申请专利51项。共培养硕士生48名，博士生23名，指导博士后6名。

第二节　制浆造纸及环境保护

一、发展历程

1960年，林化所成立木材水解室，木材化学组开展了“三种杨木制人造丝粕的研究”。1982～1987年期间，组建木材解剖、废水回收和处理两个研究组。2005年，本学科从林产化学工业专业分出，设立制浆造纸专业。

目前，该方向设有4个研究组：①材性及制浆造纸适应性综合评估研究组。②制浆造纸工艺技术研究组。③生物制浆和生物质利用研究组。④废水治理及工程技术研究组。

二、主要成就

1978年以来，共承担和完成研究项目45项。1980年，开展了“马尾松亚铵法制浆的研究”，1981年，开始研究“制浆废水絮凝处理及其推广应用” 课题，主持了“工业糠醛（国家标准）”、“短周期速生材制浆性能研究” 等多项研究课题，取得重要成果。近10年来，本方向系统深入研究了速生材CTMP、BCTMP、APMP、P-RC APMP现代工艺基础理论。首次剖析了黑杨APMP纸浆光诱导返黄的主要机理，首次研究了杉木机械浆高白度漂白机理及提高漂白白度增限的方法，首次使用硼氢化钠漂白高白度麦草化学机械浆，首次利用电镜-X射线能谱研究了白腐菌降解杨木木质素的顺序，并研究了不同菌株的白腐菌降解木质素的机理。论文“三种相思P-RC APMP制浆性能对比研究”获中国造纸学会第十三届学术年会一等奖。参与了4部国家大型工具书的编写，发表论文140多篇，被EI收录10余篇，被ISTP收录4篇、申报国家发明专利6项。

第三节　植物资源提取物化学与利用

一、发展历程

1956年，中林所时期的林产化学研究室（早期称林产化学系）下设植物鞣料组。1960年，在林化所下设植物鞣料研究室。1997年，天然单宁研究室与树木生物活性物质研究室合并，成立植物资源利用研究室。该方向发展经历了三个阶段：①创建期（1960～1978年）主要开展栲胶原料新品种、栲胶生产新工艺和设备、栲胶新用途、紫胶加工工艺与利用等方面的研究。②调整期（1979～1996年）主要开展银杏、松针和杨树生物活性物质加工与利用、五倍子和塔拉综合开发利用等方面的研究。③发展期（1997年至今）主要开展了林产资源提取物有效成分的化学与加工利用研究、天然药物与保健品研究开发。

二、主要成就

50年来，取得鉴定和验收认定科技成果88项。获全国科学大会奖4项；国家科技进步二等奖2

项，“竹山肚倍资源综合开发利用研究”提出单宁酸生产新工艺和没食子酸新工艺，首创“一步结晶法”脱色制纯，活性炭的品种筛选，废炭再生利用。“五倍子单宁深加工技术”完成燃料单宁酸新产品开发，产品中没食子酸含量<7%，建成年产300吨生产线。研究出以新催化剂脱羧为核心，以脱羧与“一勺烩”烩为特色的焦性没食子酸新工艺。完成了“电子化学品高纯没食子酸制造技术”；获国家科技星火四等奖1项；江苏省科学大会奖3项；部省级科技成果奖和科技进步一等奖2项、二等奖6项、三等奖15项、四等奖9项。完成成果推广应用项目36项。发表学术论文385篇，其中EI收录18篇，出版著作8部。制定修订国家标准24项、林业行业标准32项。申请专利20项，获得授权专利12项。

第四节 生物质／高分子复合新材料

一、发展历程

1972年林化所组建木工胶粘剂研究组。1979年1月林化所成立胶粘剂研究室，1975年开始乳液胶粘剂研究。2000年起和法国国家科学研究中心聚合反应化学及工程实验室（LCPP-CNRS）合作进行高分子复合乳液的研究。2004年起，从事生物质基高分子材料研究。2006年承担“948”重大项目“生物质基高分子新材料技术引进与创新”。2007年主持承担“863”重点项目“生物质基高分子新材料技术及产品”，探索采用通用塑料加工设备研究纤维素基高分子塑化材料的加工工艺，建立多元可降解体系。

二、主要成就

本方向共获省部级奖10多项；技术转让50多项，技术辐射20多省市的近百家企业；申请专利40多项，授权专利17项；发表论文200多篇，其中SCI收录20多篇、EI收录30多篇。出版论著1篇。在环保胶粘剂方面。1973年开始聚乙烯醇改性不脱水脲醛树脂的研制。1990年在国内率先进行低甲醛释放量刨花板用脲醛胶的研究，1998年研制成国内第一个E1级胶合板用UF胶，2006年开发出“低成本E_0级胶合板用UMF胶”。开发出醋酸乙烯－羟甲基丙稀酰胺共聚乳液、无纺布用乳液胶粘剂、高耐磨静电植绒等胶粘剂，在50多家企业得到推广应用。1985年完成的“自身交联型醋酸乙烯共聚及丙烯酸酯共聚乳液的研究”改进和提高了各种乳液胶粘剂的性能，研制出新的乳液胶种，生产成本低、质量稳定，胶合性能好，对空气无污染。

第五节 活性炭制备及应用

一、发展历程

1960年，成立木材热解研究室。先后在活性炭制备和应用、工艺和设备、环保、节能减排技术等方面开展了研究，拓展了活性炭产品品种，加强了对活性炭微观结构定向调控的研究。

二、主要成就

研究先后取得科研成果59项，获部、省级奖励8项；国家级奖励2项，在国内外专刊发表论文、研究报告、综合评述等文章340多篇，编著丛书4册，全国论文集4册，授权专利4项，制定国家标准、行业标准23项。开展了柠檬酸专用活性炭开发研究，参加的“竹质工程材料关键技术研究与示范”项目获2006年度国家科技进步一等奖。完成的“活性炭微机构及其表面基因定向制备技术”研究采用流态化技术进行了木屑热解研究，并利用流态化技术制备出载体活性炭；设计出叠杯式活性炭活化炉，移动床管式炉；以果壳、木屑等农林废弃物为原料，采用物理和化学法制造出性能优异的活性炭新品种；研制出木焦油抗聚剂，并从木醋液中制取出醋酸和甲醇；独创和突破了活性炭超微孔隙结构定向调控、表面功能化基团选择性修饰、木质原料低分子化自成型造粒等关键技术；在国家林产化学工程技术研究中心建成年加工和生产各类专用活性炭3000吨规模的生产线。

第六节　生物质能源开发与利用

一、发展历程

生物质能源研究可以溯源到建所初期的木材热解、木材水解研究工作。至1982年开始以制取生物质燃气为目标的木材气化等生物质能源的研究。1984～1995年，先后承担了8项生物质能研究课题。1996年以来，开展了以生物质气化供气、供热和发电，生物柴油制备生产为目标的生物质能源利用技术研究和推广应用，建成多条示范生产线。

二、主要成就

先后完成了国家、部、省级多项课题，包括科技攻关（支撑）、“863”、“948”等项目20余项，并取得多项成果和奖励。以生物质为原料，采用先进的锥形流化床气化技术生出可燃气体，将所得到的燃气直接送到锅炉生产蒸汽或热水，研究开发的小型内循环锥形流化床气化供气技术已授权国家发明专利，解决了秸秆气化过程中易架桥、灰渣易烧结、煤气热值偏低的问题；以天然植物油脂为原料，进行生物柴油联产化工产品的研究，提高了生物柴油的综合经济效益，建成了10万吨／年生物柴油与化工产品示范生产线；以纤维类农林废弃生物质为原料，由成型机在高压加热条件下压缩成颗粒或棒状成型燃料，是理想的清洁能；以木质纤维为原料，采用创新技术高得率制备绿色平台化合物——糠醛，联产生物酒精，制备木质素基吸附功能高分子材料。按照三种不同组分分别开发利用，生产出乙醇燃料、糠醛和其它化学产品，实现综合高效开发利用。

第七节 生物质化学工程与设备

一、发展历程

该研究方向主要经历了两个发展阶段：第一阶段（1960～1978年）组建设备研究设计室，从事林产化学工程及设备的研究和设计工作；第二阶段（1979年至今），1979年重建了林化设备研究室，并成立了林产化学工业设计所，具有乙级工程设计资格。

二、主要成就

50年来，研究室共承担完成各类科研项目40余项，主持完成了系列高速离心雾化机研制项目，共取得鉴定和验收认定科技成果10余项。参加的国家“七五”攻关项目“高速离心雾化机的研究”，取得重大突破。主持完成的“系列高速离心雾化机研制”，取得鉴定和验收认定的科技成果10余项。项目获林业部科技进步二等奖。发表学术论文150篇，其中SCI收录12篇，EI收录8篇，参与出版章节的著作4部，其中英文版的2部。主持制定了“离心式喷雾干燥机”部颁标准。申请专利15项，获得授权专利8项，形成了高速离心雾化器的三支点设计准则，并研发了相关软件用于该转子系统的临界转速和振型计算；首次提出了喷雾干燥的蒸发强度估算公式，并且回归了相关的计算公式，已编入相关的科技书籍中。主持和完成的各项技术转让工程项目30余项。项目涉及多个方面，研究开发的高速离心喷雾干燥机，填补了国内空白，并开始出口欧美和东南亚。

第十七章　林业机械

第一节　发展历程

一、1958～1978 年

1958 年，林业部在北京筹建林业机械化研究所，后下放到哈尔滨，并在 1964 年组建为木材采运研究所。

1959 年 8 月，中国林科院从已迁到哈尔滨的林业机械化研究所中，抽调 15 名科研人员到北京，成立院机械研究室。1960 年 2 月，发展成中国林科院林业机械研究所。

1963 年 6 月，将院林业机械研究所改名为林业部林业机械研究设计所。1965 年底，抽调 80 余人成立林业部东北林业机械研究设计所（黑龙江省伊春市）。

二、1978 年以后

1979 年 3 月，国务院同意在北京恢复北京林业机械研究所。1980 年定名为林业部北京林业机械研究所。

1978 年 4 月东北林机所归中国林科院领导（伊春市带岭）；1980 年 3 月又归林业部机械局领导。1980 年 4 月，经国家农委批准，东北林机所由伊春市（带岭）搬迁哈尔滨，同年 8 月更名为林业部哈尔滨林业机械研究所。

1995 年，哈尔滨林机所成立国家林业部重点开放性实验室——林业机电工程实验室。

1999 年随着林业部改为国家林业局，两所更为现名，即国家林业局北京林业机械研究所和国家林业局哈尔滨林业机械研究所。

2001 年 6 月，两所管理体制变更为中国林科院管理，被明确为副司局级科研事业单位。

第二节　主要成就

一、营林与采运机械方面

1964 年以前，林业机械研究所是面向全国的重点科研单位。当时，林机所积极开展林业机械的科研工作，承担了许多课题，为林业生产建设提供了大量的机械装备研究成果。其中，研制的 ST－

2型单索循环式架空索道，1959年在湖南江华林区安马林场安装，通过鉴定正式移交生产部门使用。这是我国第一条自行设计并安装的动力索道，受到国务院奖励。

到1965年年底，先后取得了：山地四大件（手扶拖拉机选型、油茶林垦复、油茶吸果机和山地半机械化整地）、苗床复砂机、浇水车、肩挎式动力割灌机，7吨和14吨森铁台车、纵向钢索传送带和工马力汽油机等20余项科研成果。

1965～1978年，又先后研制出30多种林业机械装备并在生产中使用。主要包括喷灌设备、苗圃筑床机、挖坑机、大苗植树机、营林拖拉机、原木装载机、森铁车辆、大苗植树机和采伐剩余物综合利用等12项科研成果，于1978年1月获得黑龙江省科学大会的奖励。研发的林业喷灌机械、KDZ大苗植树机、采伐剩余物综合利用机械、苗圃筑床机、Z4JM － 2.5型木材装载机5项科研成果，于1978年3月荣获全国科学大会奖。

1979～2000年，营林机械方面很多成果填补了该领域的空白，使育苗、造林、抚育等主要工序基本上有了相应的机械。苗圃机械从整地、筑床、播种、移栽、喷灌到起苗、包装已基本配套，通过鉴定的有20个品种。

2000年以来，完成了《林木种子营养膜精量播种技术与关键设备的研究》、《自走式苗木换床技术与设备的研究》、《森林火灾消防指挥智能决策系统》、《远程森林消防灭火用炮、弹、车系统》等30多项科研项目。

1978年至今，木材采运机械取得了多项成果，包括伐区作业、木材运输成果、贮木场作业、采运软科学等。具有国内先进技术水平以上，在生产中推广应用并取得较大经济效益的有：伐区作业成果等。如GJ85型、051A型油锯的研制、CS–302轻型油锯打枝推广应用、ST–30型人工林集材机的研制等。木材运输成果，如GC–20型长材挂车研制、GCY8型长材挂车、GBX10、GBW10大片运输车的研制等。贮木场作业成果。如贮木场季节性原条贮备工艺与设备、DJ3–200型电动链锯、FZ型翻梁式重力抛木机、自动选材技术的研究、JZ–3A型的双向绞盘机、ZLM–30和ZLM–50型两种木材装载机，广泛应用我国东北和其他林区木材装卸、归楞和基本建设，也可用于工厂、矿山、港口、建筑工地集散物的装卸、起重作业。其中两种木材装载机由已广泛应用于木材采运作业，提高了采运机械化水平。

二、木工、人造板机械

1979年以来，在木工、人造板机械等方面取得了一批成果和专利。①编制人造板机械精度检验通则。② BQ1813无卡轴旋切机的研制。③ BQ1820无卡轴旋切机的研制。④年产1万立方米刨花板成套设备主机的引进与研制。⑤ BG23系列转子式刨花干燥机的研制。⑥ BW1111/15型热磨机的研制。⑦调供胶技术。⑧热磨机主轴总成。⑨ BQB3313系列纵横联合锯边机的研制。总体而言，我国木工机械经过60年的发展，已逐渐向集团化、大型化、区域化方向发展。在竹材加工机械、绿化机械、家具与地板加工机械等方面也都取得了重要进展。开展了家具与地板机械研究设计工作，开发了多种国内先进水平的专用机械，用于生产取得了成效。

在成果推广开发和产业建设方面，开发的刨花板、中密度纤维板、胶合板生产线主机设备（如热压机、预压机、铺装机、钢带运输机、干燥机、纵横联合齐边锯、热磨机、单板旋切机等），技术转让给苏州、镇江及西北地区等多个专业林（木）机生产厂家，有效地促进了行业技术进步。刨花板、稻草板和中密度纤维板生产线调供胶技术与设备，经科技人员不断地研究创新，形成了性能完善、规格齐全、配套性能强的系列产品，在国内具有较高的市场占有率，并实现了出口。

50多年来，林业机械学科共开展科研课题330多项，获得省部级以上科技成果60多项，包括：国家科技进步二等奖1项、林业部科技进步二等奖3项、林业部科技进步三等奖15项、全国科学大会奖5项、梁希林业科学技术三等奖1项、黑龙江省科学大会奖12项、省科技进步三等奖2项等各类奖项。制修订标准70多项，其中国家标准40多项，行业标准30多项。取得发明及实用新型专利近50项。

第十八章 林业经济与管理

第一节 发展历程

林业经济与管理学科，定义为林业软科学的一切方面，主要包括林业经济、林业政策、林业发展、林业管理、木材市场、城市林业、生态文化和世界林业等。

林业经济与管理研究，主要由三个机构承担，分别是：原林业经济研究所、林业科技信息研究所和原院调研室。此外，院部和其他各专业研究所，也多有相关涉及并同样产生了一些有影响的论文或报告。

林业经济研究所。1956年森林工业部森工所设立经济研究组。1960年扩建为林经所，1995年，林经所被改编为林业部林业经济研究中心。

林业科技信息研究所。科信所成立于1964年，1993年改为现名。1983年，林业部在情报所的基础上成立了林业部科技情报中心。

院调研室。院调研室成立于1989年，2002年合并到院办公室。

院部和专业研究所。根据需要开展了相关研究。

第二节 主要成就

一、林业经济研究所

（1）林业商品经济研究。改革开放初期，林业经济研究所即开展林业商品经济研究，研究认为，林价是立木价值的货币体现，发展林业必须遵循商品经济规律。这些研究紧密结合时代需求，紧密结合生产实践，主导了当时的国家林业政策。

（2）林业生产力研究。科研组深入黑龙江双子河林业局生产第一线，经过三年的试验探索，取得了重大的科研成果——“伐区作业综合小工队”。这个新型的劳动组织形式促使木材产量明显上升（劳动效率提高30%），职工报酬明显提高，生产成本明显降低（成本降低15%）。

总结分析南方集体林区森林资源多种经营模式，肯定了福建省三明林区“分股不分山、分利不分林”的模式，出版了《林业生产经营责任制》一书。

（3）林业发展道路研究。20世纪60年代，出版了《世界林业与森林工业发展趋势》一书，影响极大。20世纪80年代后半期，研究了中国林业发展道路，并最终提出了“林业分工论”，从全局层面上采取“局部上分而治之，整体上合而为一”的思路整合森林的生态、经济效益，用这种策略分类经营我国的森林资源，才可能满足我国社会对森林的经济需求和生态需求，该项研究成果获1995年获国家科技进步二等奖，其后续研究，是大型国际合作项目“中国海南岛热带森林分类经营永续利用示范”，获海南省科技进步一等奖。

（4）其他研究。开展的森林灾害经济研究、木材价格研究、林业技术经济研究、区域林业经济研究、森林资源经济研究等。该所50多年来取得20多项研究成果。

二、林业科技信息研究所

（1）林业可持续发展理论研究。着重研究了林业可持续发展理论、标准与指标体系和林业产业带发展模式等。

（2）森林资源经济研究。20世纪90年代初开始的这项研究，经过15年的研究，已基本形成了我国的森林环境经济理论框架和森林资产评价技术体系，并产生了诸多论文和多部专著。

（3）林产品市场和国际贸易研究。在国际热带木材组织（ITTO）的支持下，先后完成“2010年中国林产品消费及其对国际热带木材市场的需求”，“中国热带林产品市场流通与趋势研究”等课题。2003年，中国和芬兰在该所联合组建了“林产品市场研究中心”。

（4）森林认证研究。经过十几年的发展，科信所已成为全国森林认证的研究与宣传中心和森林认证的主要技术支撑力量。

（5）社区林业研究。2003年以来，开展了“参与式方法在退耕还林工程中的应用，“社区林业的参与式机制在山区扶贫开发中的重要作用研究——以小额信贷为例”，“天然林保护工程集体林家庭托管新模式调研项目”等。

（6）国际合作与交流。仅“九五”计划以来，林业科技信息研究所共主持54项国际合作项目。

（7）加强了林权改革研究。2008年，中国林科院依托林业科技信息研究所，成立了林权改革研究中心。

自建所至2008年年底，科技人员共公开发表论文488篇，出版专著47部。获得省部级奖励17项。

三、院调研室

在其13年间，主要是参与和主持国家和部门中长期科技发展规划和开展软科学研究项目，以及制定有关政策，获得了7项部委科技进步奖。

（1）发展规划研究。《国家中长期科技发展纲要》（1988～1991年），《林业中长期科技发展纲要》（1992年获林业部科技进步一等奖）；《国家林业科技发展“八五”计划和到2000年长远规划》；国家科委和林业部《科技发展协调计划农业领域部分》；林业部《科技发展“九五”计划和到2000年长远规划》编制；《福建省南平地区林业科技开发试验区总体规划研究》等。

（2）林业技术政策和产业技术政策研究。主要是国家科委组织的《中国农业科技政策》（林业部分）（1996年），林业部《林业产业技术政策》于1996年编制。同年纳入国家计委发布的《产业技术政策》目录中。

（3）软科学研究。先后有10项研究，如“科技进步对林业经济作用分析与定量测算研究”，在我国首次提出林业科技进步贡献率。

四、院部和专业研究所

主要开展了“21 世纪初中国农业科技发展战略与政策研究”，“中国可持续发展林业战略研究”，“中国林业相持阶段区域发展战略研究”，“中国森林资源核算及纳入绿色 GDP”，“中国现代林业研究”，“林学学科发展战略研究”，“中国林业可持续发展21世纪议程研究”，“中国社会林业发展研究”，“森林碳汇研究”，“森林生态环境评价”等。特别是主要参与的“中国可持续发展林业战略研究”，其成果被国家采纳，产生重要影响。

第三篇　研究机构

第十九章 研究所（中心）

一、林业研究所（简称林业所）

林业所位于北京院本部，成立于1953年，以森林培育、森林生态系统管理、林木遗传育种、荒漠化防治等为主的综合性公益型研究机构。主要承担林业建设中全局性、关键性的应用技术和应用基础，面向林学、生物学、农业资源利用3个一级学科、11个二级学科、32个研究方向开展研究工作。共取得科研成果275项，其中148项获成果奖励，有国家科技进步特等奖1项，一等奖3项。所内拥有部级开放性实验室和生态定位研究站。现有在职职工146人，其中有中国工程院院士1人、全国杰出专业技术人才2人、新世纪百千万人才工程国家级人选2人；研究员32人，具有博士学位65人。有15个学位授权专业，其中硕士9个、博士6个。

二、亚热带林业研究所（简称亚林所）

亚林所位于浙江省富阳市，其前身为中国林科院1964年成立的亚热带林业试验站，是面向中国亚热带地区，融科学研究、科技推广和人才培养为一体的区域性公益型林业科研机构。研究领域涵盖森林资源培育、林木遗传育种、森林生态与环境保护、城市林业与观赏园艺、林业生物工程五大学科18个研究方向。自建所以来，累计完成国家、省（部）及其他各类研究项目500多项，获得科研成果200余项，其中主持成果获得国家级奖励11项、省（部）级奖励60项。全所非营利编制人员105人，现有在职正高级职称17人，副高级职称30人；国家级和省（部）级有突出贡献中青年专家3人。

三、热带林业研究所（简称热林所）

热林所位于广东省广州市，其前身为中国林科院1962年成立的热带林业试验场，是面向我国热带和南亚热带的区域性公益型林业研究机构。主要任务是：研究本地区的人工林的高效培育、森林与环境的相互关系、森林资源的保护与可持续利用。建所四十多年来，已取得上百项科研成果。在1995～2000 年期间，热林所连续6年获得国家科技进步一、二等奖和省部级科技进步一等奖等重大成果。目前，热林所在桉树和相思工业用材林培育、柚木和西南桦等珍贵用材林培育、热带林生态系统研究、红树林造林技术、棕榈藤培育研究与应用等领域具优势。现有在职职工145人，其中研究员16人，副研究员和高级工程师23人。

四、森林生态环境与保护研究所（简称森环森保所）

森环森保所位于北京院本部，于2005年由原森林生态环境研究所（成立于1994年）和森林保护研究所（成立于1994年）合并而成，是我国森林生态环境与保护研究领域的国家核心研究基地、监测评估网络中心和科技咨询与服务中心。研究所拥有以生态学、森林保护学、野生动植物保护与利用三个二级学科为主体的学科群，拥有2个国家林业局重点开放性实验室和4个生物标本馆与微生物资源库。建所以来，累计获得成果155项，其中获国家、省部级以上奖励25项，全所现有在职职工102人，正高级职称23人，副高级职称42人，中科院院士1人，入选国家百千万人才工程2人。

五、资源信息研究所（简称资源所）

资源所位于北京院本部，成立于1988年，是我国唯一从事林业信息技术研究的机构。在森林生长模型、遥感森林应用研究等具有优势。目前有中国科学院院士2名，首席专家10名、资深专家1名，分别主持森林经理、地图学与地理信息系统、摄影测量与遥感、计算机应用技术等四个学科的11个研究方向的科研工作。该所共取得科研成果200多项。至今已有30项次成果获得部级以上奖励，其中获国家级科技进步奖5项次；获部级科技进步奖25项次。国家林业局重点开放性实验室“林业遥感与信息技术实验室”和中国林科院重点实验室“图像处理与信息系统实验室”设在该所。所内设有森林经理学博士后流动站。

六、资源昆虫研究所（简称资昆所）

资昆所位于云南省昆明市，成立于1962年，1988年更为现名。该所是国家级区域性社会公益型研究机构。主要从事资源昆虫学，干热河谷区植被恢复与生态重建、特种经济植物引种驯化等研究。资源昆虫学研究居于国内领先水平，是中国资源昆虫学的研究中心。依托该所建有省级特种生物资源工程技术中心、国家林业局资源昆虫培育与利用重点实验室。设有国家林业局干热河谷荒漠化生态定位站，热区试验站、南亚热带试验站和滇中高原试验站，拥有340公顷实验基地。建所以来，承担科研项目600多项，取得130项成果，获国家、省部级奖励40项。全所现有在职职工97人，正高级职称9人，副高级职称30人。

七、木材工业研究（简称木工所）

木工所位于北京院本部，成立于1957年，1960年更为现名。该所为国际林业研究组织联盟团体会员，是国家级木材科学与技术研究机构。现有在职人员141人，其中研究员16人。拥有亚洲位列前茅的木材标本馆。木材工业国家工程研究中心、国家林业局木材科学与技术重点实验室和国家人造板质量监督检测中心均挂靠在该所。该所主要学科为木材科学与技术和木基复合材料科学与工程2个二级学科，下设14个研究方向。设有林业工程博士后流动站、木材科学与技术和木基复合材料科学与工程2个博士学位授权点。全所共获科技成果247项，其中获省部级奖以上的65项，专利62项，标准130项，专著57篇。

八、林产化学工业研究所（简称林化所）

林化所位于江苏省南京市，成立于1960年，是从事木质和非木质生物质化学加工利用，集基础研究、应用研究、产品开发和工程设计为一体的综合性研究机构。所内设有国家林业局林产化学工程重点实验室，有7个研究方向的博士、硕士培养点及博士后流动站。作为技术依托，建立了国家林业局林化产品质量监督检验站、国家林产化学工程技术研究中心、国家林业局生物质能源工程中心、国家林业局生物质能源研究所、国家林业局林产化工中试基地。建所40多年来，共承担国家、部、省级课题576项，成果鉴定(验收)355项，其中获得国家级奖励22项，省（部）级奖励74项。

九、林业科技信息研究所（简称科信所）

科信所位于北京院本部，成立于1964年，1993年更为现名，是从事林业软科学研究和林业信息服务的科研机构。现有职工95人，其中科技人员81人。在林业宏观战略与政策、林权改革、森林环境经济、林产品贸易、森林认证、林业数字图书馆等领域具有较强的学科优势。中国林科院图书馆是亚洲最大的林业专业图书馆，馆藏文献40余万册。科信所研建的中国林业信息网（http://www.lknet.ac.cn）是我国林业系统权威性行业网站，建成了80多个林业数据库，引进了20多个国内外林业数字化资源库。该所是林业行业唯一的国家一级科技查新单位，还编辑出版9种中英文林业科技期刊。获省部级科技成果19项。

十、国家林业局北京林业机械研究所（简称北京林机所）

北林机所位于北京市，主要从事林业技术装备的自主创新研究、新产品开发、成果转化、标准化研究等业务工作。累计完成科研成果60余项，获得国家级科技进步奖2项、省部级科技进步奖9项，国家专利11项；完成企业委托科研项目30余项，成果转化率达80%以上；近五年来，为家具和人造板生产企业提供各类设备累计达60余台套。“全国人造板机械标准化技术委员会秘书处”、“全国人造板设备和木工机械情报中心”、“中国林业机械协会人造板机械专业委员会秘书处”、“中国林科院竹工机械研发中心”等机构均设在该所。

十一、国家林业局哈尔滨林业机械研究所（简称哈尔滨林机所）

哈林机所位于黑龙江省哈尔滨市。现有职工85人，其中科技人员55人。是国内成立最早的林业机械科研机构。主要从事林业机械、森林工程学科的基础理论、应用基础、社会公益性和高新技术的研究。挂靠有国家林业局重点开放性实验室等11个全国性行业技术服务机构。主要研究方向有种苗培育技术装备、营造林机械、采伐运输技术装备、贮木场自动化生产设备、森林保护技术装备、木片加工系列设备、木材干燥控制系统等。建所以来，共承担科研课题300多项，其中省部级奖以上成果60多项、标准70项、专利20项。

十二、林业新技术研究所（简称新技术所）

新技术所位于北京院本部，成立于2005年，是主要从事林业生物质材料、林业生物质能源、林业装备新技术等基础、应用基础和开发研究的综合性公益型研究机构。下设“木材科学研究室”、“林产化学研究室”、“营林机械设计与理论研究室”、“加工机械设计与理论研究室”、“湿地研究所”、“辐照中心”等六个研究室。主要开展木材科学、林产化学、林业技术装备、湿地科学、生物质能源及生物质材料等领域的基础、应用基础研究；开展诸如航天育种技术、辐照技术、同位素技术、纳米技术等新兴科技在林业中的应用研究；建立开展上述领域国际交流与合作的平台。

十三、热带林业实验中心（简称热林中心）

热林中心位于广西壮族自治区凭祥市，成立于1979年，是我国热带南亚热带林业实验基地、科技创新基地和科普教育基地。1990年更为现名。主要任务是开展热带南亚热带林业科学实验，组装配套林业科技成果，为地域性林业经营和生态建设提供示范和科技支撑。该中心成立以来，先后承担各类研究课题70项，取得科研成果40项，获得各级科技进步奖25项。营建有石山树木园和夏石引种树木园，引种保存树种1289种。营建种子园和母树林167公顷，建立林木种质资源保存库80公顷，收集、保存种质资源700余份。营建科技示范样板8个，试验林、示范林3400公顷，向社会推广应用珍贵优良阔叶树种30种。

十四、亚热带林业实验中心（简称亚林中心）

亚林中心位于江西省分宜县，成立于1979年，1990年更为现名，是我国中、北亚热带林业科研中试基地。主要任务是组装、配套林业科技成果，营造试验林和示范林，开展以杉、松、阔、竹、油茶为主的资源培育、多种经营和综合利用研究，建立科学经营管理体系，逐步建成我国中、北亚热带地区森林综合经营的示范样板。亚林中心辖四个实验林场、一个树木园，并由实验林场管理四个农业行政村；中心建设了国家级“大岗山森林生态定位站”，国家林业局“大岗山自然保护区”，“植物新品种测试中心华东分中心”等科研基础平台。

十五、沙漠林业实验中心（简称沙林中心）

沙林中心位于内蒙古自治区磴口县，成立于1979年，1990年更为现名。有在职职工233人，是中国林科院设在西北干旱半干旱地区唯一一处现代化综合科学实验基地，辖区面积3.13万公顷。在沙漠的腹地建成全国最大的人工绿洲0.60万公顷，设有4个综合科学研究实验场，建有沙旱生植物园、生态定位监测站、优良沙旱生乔灌木种苗基地。主要任务是：研究解决干旱区林业建设中有关科学技术问题；运用先进的技术装备，应用和推广国内外先进技术；采用科学的生产、管理方法，开展沙荒土地的综合治理与开发，大幅度提高劳动生产力和水土资源利用率。获省部级科技成果10项（次）。

十六、华北林业实验中心（简称华林中心）

华林中心位于北京市，成立于1995年。是一个集林业科学研究、试验示范与推广、森林植物种植资源保存、林木新品种测试及科普宣教为一体的，温带地区唯一的永久性多功能国家级林业试验基地。面积1800公顷，林木覆被率84.7%。建有北京九龙山（部级）自然保护区、国家林业局植物新品种测试中心华北分中心、花卉种质资源保存库等机构，也是全国林业科普教育基地。拥有森林生态效益野外观测台、站2个，固定样地30余块。在区域植被恢复、森林培育、森林生态功能研究、植物新品种测试等方面具有一定的优势。承担着国家重要的林业科学研究及示范推广任务。

十七、国家林业局桉树研究开发中心（简称桉树中心）

桉树中心位于广东省湛江市，成立于1978年，1995年委托中国林科院归口管理，是我国唯一以桉树研究为主的，集科研、开发、推广于一体的研究开发机构。现有人员42人。南方国家级林木种苗示范基地是集科学研究、技术培训、生产经营、科普教育及游览观光于一体的国家级现代林业科技示范基地。桉树中心（南方种苗基地）主要从事桉树育种、营林技术、种苗繁育、人工林健康、园林观赏植物等研究，并负责组织协调全国桉树研究和技术推广等工作。中国林学会桉树专业委员会挂靠桉树中心。有在研项目47项，共取得科技成果9项。

十八、国家林业局泡桐研究开发中心（简称泡桐中心）

泡桐中心位于河南省郑州市，于1984年经国家科委批准建立。1992年委托中国林科院归口管理。1998年经国家林业局批准加挂“中国林业科学研究院经济林研究开发中心”的牌子。主要面向全国开展泡桐、经济林技术开发及应用基础理论研究及成果推广应用工作。在职职工56人，其中研究员6人，副研究员（高级工程师）22人，博士8人。拥有10000平方米的科研、实验用房，1000亩的实验基地。建立以来，承担国家、省部、国际合作等项目60余项，取得科研成果20余项，获科技成果20项，发表科技论文200余篇，出版专著10余部。

十九、国家林业局竹子研究开发中心（简称竹子中心）

竹子中心成立于1995年（委托中国林科院管理），是竹子综合领域的国家级科研机构，位于浙江省杭州市，集竹业科学研究、新产品开发、竹子栽培、竹材（笋）加工技术培训及综合服务于一体。现已初步建成一支专业结构（包括竹子培育、加工利用、国际合作等）合理的科技队伍。重点研究领域有竹资源培育、竹材科学与技术、生化综合利用科学与技术。承担商务部及国际组织委托的国际竹业技术培训任务。主办《竹子研究汇刊》学术期刊。中国竹产业协会竹子加工利用专业委员会挂靠竹子中心。

第二十章　共建单位

一、黑龙江分院（黑龙江省林业科学研究院）

黑龙江省林业科学研究院其前身是黑龙江省林科所，始建于1956年，下设6个研究所，科技情报中心、林业经济研究室、2个直属研究室以及技术开发公司和劳动服务公司；拥有5个实验基地，实验施业区总面积48000多公顷。已建立8个省级重点学科及5个重点实验室，一批行业技术检（监）测机构挂靠在该院。全院现有专业技术人员386人，其中高级技术职称147人（正高职62人）；39名专家享受国务院政府特殊津贴；博士后3人，博士研究生9人；国家级中青年专家1人，省部级中青年专家4人；博士研究生导师3人。1978年经黑龙江省革委会同意成立中国林科院黑龙江分院。

二、内蒙古分院（内蒙古自治区林业科学研究院）

内蒙古自治区林业科学研究院其前身是自治区林科所，创建于1954年9月，是以森林培育和林业生态建设为基础、以防沙治沙、森林经营与保护、林木良种选育为优势、具有干旱半干旱区域特色的综合性公益性林业科研机构。设有4个研究所及实验分析中心等研究与教辅机构，承建有国家林业局重点开放性实验室——“沙地生物资源保护与培育实验室”和“内蒙古沙地（沙漠）生态系统和生态工程重点实验室”。建院50多年来，取得了丰硕的科研成果。其中获国家科技进步二等奖3项，省部级一等奖2项、二等奖5项、三等奖15项。2004年经国家林业局同意成立中国林科院内蒙古分院。

三、新疆分院（新疆维吾尔自治区林业科学研究院）

新疆维吾尔自治区林业科学研究院其前身是自治区林科所，成立于1955年，下设：森林生态、造林治沙、经济林、园林绿化四个研究所及新疆林业科技信息中心、林业生物技术测试中心、精河造林治沙实验站、玛纳斯、阿克苏佳木实验站、国家林业局天山森林生态站及天池实验研究中心。研究领域涉及治沙造林、经济林、森林保护利用、园林绿化等20多个专业学科。改革三十年来，以林业科研、技术推广、服务作为工作重点，大力发展新疆特色经济林果的引种、培育、推广和高效示范，取得了一批成果，共承担国家和地方各类科研项目400余项，取得各项研究成果174项，获奖项目90项。2004年8月国家林业局批准为中国林科院新疆分院。

四、湖南分院（湖南省林业科学研究院）

湖南省林业科学研究院其前身是湖南省林科所，创建于1958年9月，是一个林业学科较全、测试手段较先进的公益类综合性研究机构。研究领域涉及用材林、经济林、森林生态、森林保护、林产工业、生物质能等专业学科。全院设置6个职能管理处室，8个科研所、室、站，3个院属开发公司，1个试验林场；设有林木遗传育种博士点。国家林业局、湖南省所属3个研究开发中心挂靠该院。建院50年来，190项科技成果获国家、部省级科技进步奖，其中国家级成果奖13项，省（部）级一、二等奖50余项；并获国家专利15项。2007年国家林业局同意成立中国林科院湖南分院。

五、华北林业研究所(山西省林业科学研究院)

山西省林业科学研究院其前身是山西省林科所，成立于1959年4月。该院立足山西，面向华北，在造林营林、林木良种、森林保护，特别是经济林方面具有较强的实力。华北林业研究所内设4个行政科室、9个研究所，1个山西省经济植物开发利用重点实验室。学科建设确立为省林业重点学科，并设置9个省二级学科。建所40多年来，在太行山生态林业模式研究、经济林良种选育和栽培、工厂化育苗技术与设备、黄土高原抗旱节水技术研究等方面均有优势。1999年国家林业局同意依托山西省林业科学研究院成立中国林科院华北林业研究所。

六、浙江林业研究中心

该中心是以中国林科院为技术依托，由浙江省林科院和中国林科院亚林所、国家林业局竹子开发研究中心于2008年10月28日正式成立的。浙江林科院其前身是浙江省林科所，创建于1958年，全院下设七个研究所，主要从事林木遗传育种、森林培育、森林生态构建、林产品精深加工等领域的研究及开发推广工作；建有两个省级重点实验室。现有职工107人，其中科技人员90人（高级职称30人，中级职称39人）；有10名科技人员享受政府特殊津贴，3名浙江省有突出贡献中青年科技人员。建院以来，共完成科研项目437项，取得科技成果275项，其中获国家级科技奖12项、省部级科技奖108项，获国家专利12项。

七、中国林科院大熊猫研究中心

该中心于1983年正式成立，位于四川省汶川县卧龙自然保护区。2001年4月4日，经国家林业局批准，同意成立中国林科院大熊猫研究中心。该中心与四川卧龙国家级自然保护区大熊猫研究中心一套人马，两块牌子。现有职工40多人，发表研究论文200多篇，出版专著8部，有4项成果获国家和省部级奖励，有5人次获优秀科技论文奖。在20世纪末已攻克了大熊猫繁育领域中的“配种难、受孕难和幼兽存活难”的三难问题。

八、甘肃省中国林科院民勤治沙综合试验站

该站成立于1959年4月3日，其主要任务是：沙漠综合治理技术研究，荒漠生态定位观测研究、沙漠植物引种、驯化研究等。试验站1974年创建了我国第一座具有北方荒漠特色的沙生植物园；拥有我国第一个沙漠地面气象观测场；研制出测渗仪，取得了大量沙生植物与农经作物蒸腾耗水技术资料。2005年12月经国家科技部批准成立了“甘肃民勤荒漠草地生态系统国家野外科学观测研究站”，正式成为国家野外科学观测研究站和中国生态系统研究网络（CERN）成员站。21002年甘肃省林业厅同意该站加挂甘肃省中国林科院民勤治沙综合试验站牌子。

九、小陇山科技合作实验基地

该实验基地主要针对我国西部林业生态建设的关键技术问题。由甘肃省林业厅与中国林科院在小陇山林业实验局共建的合作实验基地，主要从事造林、森林保护、生态、林木育种及次生林经营等研究工作。小陇山林业实验局位于甘肃省东南部，林区总面积83.02万公顷，有21个国有林场和林科所、规划院、森防站、植物园等17个直属单位。2007年8月，中国林科院与甘肃小陇山林业局签订科技合作协议。2004年以来，科技合作实验基地开展了多项研究工作，先后实施了落叶松、云杉、楸树等方面的科研项目10多项。

十、青海省青藏高原生态林业研究中心

该中心是青海省人民政府于2001年10月24日正式批准成立的科学研究机构。中心成立以来，紧紧围绕青藏高原林业生态环境建设中的重点、难点问题开展合作研究。中心与中国林科院合作，先后承担并完成了“三江源科学考察”、“中国森林生态网络体系建设项目”、“青藏铁路格拉段沿线考察”、“西宁南北山科学考察”等项目；并协助执行了“十五”、“十一五”国家攻关计划、科技成果转化资金计划等国内和国际项目。

十一、西藏高原生态研究所

该所成立于1985年8月，现有职工21人。是从事西藏高原森林生态系统的结构和功能规律、森林资源开发利用等方面的研究机构。拥有国家级野外科学研究观测站——西藏林芝高山森林生态系统国家野外科学观测研究站和国家级野生动物疫源疫病监测站，生态研究和资源应用两个研究室、生态环境实验室、植物标本室、试验苗圃、野生植物资源试验加工实验厂房和文献资料室。建所23年来，承担国家自然科学基金、国家科技支撑项目等54项。发表论文近200篇，获多项科技成果。

十二、海西分院

2008年1月，国家林业局同意“中国林科院与福建省合作，建立中国林科院海西分院”。分院主

要依托福建省林业科学研究院而建立。福建省林科院其前身是福建省林科所，创建于1958年，是基础设施完善、学科较配套的公益型综合性省级科研机构。全院职工116名，其中研究员13名，国家级有突出贡献专家2名，省政府表彰的优秀专家5人，享受国务院政府特殊津贴专家10名。建院以来，获各类科研成果288项，其中荣获国家、省部级成果奖124项。2006年获得“全国林业科技工作先进单位”。

第四篇　人物与成果

第二十一章　人　物

第一节　建院前林业研究所、森工研究所主要负责人

陈嵘，1953～1966年任中林所所长。

唐燿，1953～1956年任中林所副所长。

陶东岱，1953～1958年任中林所副所长；1978～1984年任中共中国林科院分党组副书记、中国林科院副院长。

李万新，1956～1958年任森工所所长；1978～1984年任中国林科院副院长。

第二节 中国林科院历届院长、中共中国林科院历届分党组（党委）书记

张克侠，1958～1969年兼任中国林科院院长、中共中国林科院分党组（党委）书记。

郑万钧，1978～1982年任中国林科院院长。

梁昌武，1978～1982年兼任中共中国林科院分党组书记。

黄枢，1982～1986年任中国林科院院长。

杨文英，1982～1986年任中共中国林科院党委书记。

刘于鹤，1986～1992年任中国林科院院长、中共中国林科院分党组书记。

陈统爱，1992～1996年任中国林科院院长、中共中国林科院分党组书记。

江泽慧，1996～2006年任中国林科院院长、中共中国林科院分党组书记。

张守攻，2006年至今任中国林科院院长、中共中国林科院分党组书记。

第三节 中国林科院获中国科学院、中国工程院院士名单

郑万钧研究员，中国科学院院士。中国著名林学家、树木学家、林业教育家。

吴中伦研究员，中国科学院院士。中国著名林学家、森林生态学家、森林地理学家。

徐冠华研究员，中国科学院院士。森林经理学家。

王涛研究员，中国工程院院士。森林培育学家。

唐守正研究员，中国科学院院士。森林经理学家。

蒋有绪研究员，中国科学院院士。生态学家。

宋湛谦研究员，中国工程院院士。林产化学家。

第二十二章　科技成果

中国林科院建立以来，在科研方面作了大量工作，取得很大成绩，据初步统计，截至2008年底，共取得主要科技成果2409项（其中：1958～1978年有122项；1978～2008年有2287项）。全院共取得重要科技奖项530项次（其中：获国家自然科学奖2项，国家技术发明奖5项，国家科技进步奖70项，获林业部科技进步奖336项）。1996年，王涛院士主持的"ABT生根粉系列的推广"成果获国家科技进步特等奖。现将获得国家科技进步特等奖、一等奖的项目作简介，并列表说明主要获奖科技成果概况。

第一节　主要获奖成果简介

一、ABT生根粉系列的推广

【主要完成单位】　中国林科院

【主要完成人】　王　涛　陈国平　胡德琨　于龙生　齐德恩　金佩华　晋宗道　蔡世英　梁桂芝　李仕臣　倪　明　王贞培　农韧刚　高　鹏　张桐先　刘兆华　林睦就　白阳明　徐　慧　杜增宝　李中元　黄文思　黄辉铨　叶昌淳　黄亨履　高崇明　陈士良

【项目起止时间】　1989～1993年

【获奖情况】　1996年国家科技进步特等奖
1994年林业部科技进步特等奖

ABT生根粉是复合型植物生长调节剂。通过强化调控植物内源激素含量，增进酚类化合物的合成和重要酶的活性，促进植物大分子的合成，诱导植物不定根或不定芽的形成，调节植物代谢作用。用于提高植物育苗，苗木移栽，造林，飞机播种的成活率，促进幼苗生长，提高苗木等级及增加农作物，蔬菜、特种经济植物的产量。

通过该成果的推广，形成了以成果推广任务带动应用基础研究、技术开发和技术推广为一体的成果转化系统工程。领导实施了2012项实验、推广项目。自力更生建立起研究、开发、示范、推广、生产、经销、人才培训、学术交流与国际合作的良性循环运转机制，组织起1100万人的示范、推广、经销、社会化服务体系。提出研究报告3554篇。在国际上建立起以亚太地区为核心发展中国家为骨干，吸收发达国家学者与公司参加的地跨五大洲的国际合作网络，应用植物达1582种（品种）推广面覆盖了全国80%的行政县、市，推广面积达1000万公顷，育苗59.51亿株，取得显著的社会效益、生态效益、经济效益。探索出一条自力更生，自我滚动具有中国特色的农林科技成果转化道路。

〔ABT生根粉（膜）的推广、开发和应用获1988年国家科技进步二等奖、1987年林业部科技进步一等奖。〕

二、杉木地理变异和种源区划

【主要完成单位】 中国林科院林业所等10个单位

【主要完成人】 洪菊生 杨宗武 陈建新 李晓储 吴士侠 曾志光 程致红 刘立德 谭忠良 林 协 章敬人 管经粟 赵世远 王泽有 彭镇华

【项目起止时间】 1976年10月至1985年12月

【获奖情况】 1989年国家科技进步一等奖
1987年林业部科技进步一等奖

明确了杉木水平分布和垂直分布范围，首次系统阐明了杉木分布区主要42个山系垂直分布的上限和下限，证实了杉木是存在地理变异的树种。产地温度和湿度是引起杉木地理变异的主导因子。杉木在其分布区多样复杂的生态环境作用下，经过长期自然和人为选择，已形成遗传表型性状不一，对生态环境要求各异的地理种群。根据所划地理种群，参考分布区气候，地貌、土壤、植被变异和区划，将杉木分布区的种源划分成9个种源区。提出优良种源区概念，评选出南岭山地为杉木优良种源区，初选出一批增产潜力大的优良种源，材积平均增长在20%以上，同时建立了一套比较完整的种源研究计算机软件。该成果已在制定《杉木种子区国家标准》中应用，并在面上推广造林57万公顷。

三、棕榈藤的研究

【主要完成单位】 中国林科院热林所、热林中心等7个单位

【主要完成人】 许煌灿 尹光天 蔡则谟 张伟良 范晋渝 弓明钦 陈青度 傅精钢 曾炳山 周再知 张方秋 张 国 李意德 陈康泰 刘元福

【项目起止时间】 1985～1993年

【获奖情况】 1996年度国家科技进步一等奖
1994年林业部科技进步一等奖

通过调查研究、广泛引种、室内测试、大田小区和中间试验、示范推广，对我国棕榈藤的种群资源、地理分布、资源利用、基因搜集保存、引种驯化、繁殖方法、丰产造林和经营技术、栽培区划及藤材性质进行多学科配套研究，查清了全国棕榈藤3属40种21变种的地理分布和区系特征，建立了我国最完善的标本库。收集保存国内外藤种36种5变种。揭示了各藤种生态生物学特征和生长规律，实现了微繁技术，首次系统测定了27种藤茎的微观结构及理化性质。提出了藤材质量科学分类指标，为综合利用开辟了途径。已在华南示范推广培育壮苗500万株，扩大造林1200公顷，示范

点辐射推广面积超过5000公顷。

四、沙棘遗传改良系统研究

【主要完成单位】　中国林科院林业所等4个单位

【主要完成人】　黄　铨　赵汉章　佟金权　李忠义　吴永麟　徐永昶　李建雄　李　敏　朱长进　江承敬　曹　满　王　愿　李毓祥　高成德　董太祥

【项目起止时间】　1985年5月至1995年5月

【获奖情况】　1998年国家科技进步一等奖
1996年林业部科技进步一等奖

采用标准地法研究性状变异，建立多功能育种园等创新技术，探明中国沙棘的种群结构与种群变异规律，划分了生态地理群和种质资源类型。在全国选出了386个优良单株，通过配合选择，选出60个优良家系与最佳单株，构成高世代育种群体，从中又精选出24个雌株、6个雄株，用于建立第二代无性系种子园。经济型品种“乌兰沙林”、“橘黄大果”、“橘黄丰产”、“辽阜1号”、“辽阜2号”果实产量超出天然种的10～25倍，每公顷产量1.5万千克至2.25万千克，且无刺、果大、柄长。建设沙棘基因库8座，种子园22.6公顷，生产种子3000千克，苗木2000万株。经济社会效益显著。

五、林木菌根化生物技术的研究

【主要完成单位】　中国林科院林业所、亚林所、热林所、森环所、亚林中心等6个单位

【主要完成人】　花晓梅　陈连庆　李文钿　弓明钦　韩瑞兴　王淑清　郑来友　成小飞　栾庆书　刘国龙　裴致达　余良富　陈　羽　李　玉　张玉东

【项目起止时间】　1990年8月至1995年

【获奖情况】　2001年国家科技进步一等奖

在我国18省（自治区、直辖市）进行了湿地松、火炬松、马尾松、桉树和落叶松等我国主要工业用材树种菌根菌的调查、分离、收集。提出并采集外生菌根真菌277种。分离纯化和收集外生菌根菌纯培养258种（株），VA菌根菌纯种4株。测定、筛选出高效优良菌根菌9种15株。实验证实典型外生菌根菌（Pt）与专性外生菌根树种（松树）形成内外生菌根等。创造了马尾松组培菌根合成技术，提出了马尾松无性扦插菌根化技术，桉树组培瓶内菌根化技术。突破了外生菌根菌（S1,Pt）人工发酵技术，提出了深层发酵最佳营养配方和最优条件组合。研制成功10种新型菌根制剂及菌根化育苗造林新工艺。该成果在我国28省（自治区、直辖市）推广应用。累计菌根化育苗超过8亿株，菌根化造林面积突破33万公顷，累计增收（节支）12.88亿元。

第二节 中国林科院主要获奖科技成果一览表（1978～2008年）

序号	获奖年度	成果名称	奖励名称	等级	第一完成单位	第一完成人
1	1996	ABT生根粉系列推广	国家科技进步奖	特	林业所	王涛
2	1989	杉木地理变异和种源区划	国家科技进步奖	1	林业所	洪菊生
3	1996	棕榈藤的研究	国家科技进步奖	1	热林所	许煌灿
4	1998	沙棘遗传改良系统研究	国家科技进步奖	1	林业所	黄铨
5	2001	林木菌根化生物技术的研究	国家科技进步奖	1	林业所	花晓梅
6	1985	氢化松香及其连续化生产工艺的研究	国家科技进步奖	2	林化所	赵守普
7	1988	ABT生根粉(膜)的推广、开发和应用	国家科技进步奖	2	林业所	王涛
8	1989	黄淮海中低产地区综合防护林体系配置和结构研究	国家科技进步奖	2	林业所	赵宗哲
9	1990	马尾松种源变异及种源区划分的研究	国家科技进步奖	2	亚林所	陈建仁
10	1990	BQ1813无卡轴旋切机的研制	国家科技进步奖	2	北林机	路健
11	1991	竹山肚倍资源综合开发利用的研究	国家科技进步奖	2	林化所	张宗和
12	1991	北方早实核桃16个新品种的选育	国家科技进步奖	2	林业所	奚声柯
13	1993	林木菌根及应用技术	国家科技进步奖	2	林业所	郭秀珍
14	1995	用材林基地立地分类、评价及适地适树的研究	国家科技进步奖	2	林业所	张万儒
15	1996	桉属树种引种栽培的研究	国家科技进步奖	2	热林所	白嘉雨
16	1996	毛竹林养分循环规律及其应用的研究	国家科技进步奖	2	亚林所	傅懋毅
17	1997	我国南方人工用材林林业局（场）森林资源	国家科技进步奖	2	资源所	唐守正
18	1997	截根菌根化应用及其机理的研究	国家科技进步奖	2	林业所	花晓梅
19	1998	五个相思树种纸浆材种源和家系选择研究	国家科技进步奖	2	热林所	杨民权
20	1998	浅色松香、松节油增粘树脂系列产品开发研究	国家科技进步奖	2	林化所	宋湛谦
21	1999	中国主要人工林树种木材性质研究	国家科技进步奖	2	木工所	鲍甫成
22	1999	热带林生态系统结构、功能规律的研究	国家科技进步奖	2	热林所	曾庆波
23	1999	《中国森林昆虫》	国家科技进步奖	2	森环森保所	萧刚柔
24	2000	五倍子单宁深加工技术	国家科技进步奖	2	林化所	张宗和
25	2000	杉木建筑材优化栽培模式研究	国家科技进步奖	2	林业所	盛炜彤
26	2000	红树林主要树种造林和经营技术研究	国家科技进步奖	2	热林所	郑德璋
27	2002	主要针叶纸浆用材树种新品系选育、规模化繁殖及培育配套技术	国家科技进步奖	2	林业所	张守攻
28	2002	绿色植物生长调节剂(GGR)的研究、开发与应用	国家科技进步奖	2	林业所	王涛
29	2003	中国森林生态网络体系建设研究	国家科技进步奖	2	林业所	彭镇华
30	2004	人工林木材性质及其生物形成与功能性改良的研究	国家科技进步奖	2	木工所	江泽慧
31	2005	林木种质资源收集、保存与利用	国家科技进步奖	2	林业所	顾万春
32	2006	杉木遗传改良及定向培育技术研究	国家科技进步奖	2	林业所	张建国
33	2006	沙漠化发生规律及其综合防治模式研究	国家科技进步奖	2	中国林科院	慈龙骏
34	2006	重大外来侵入性害虫——美国白蛾生物防治技术研究	国家科技进步奖	2	森环森保所	杨忠岐
35	2007	杨树工业用材林高产新品种定向选育和推广	国家科技进步奖	2	林业所	张绮纹
36	2008	社会林业工程创新体系的建立与实施	国家科技进步奖	2	中国林科院	王涛
37	2008	松香松节油结构稳定化及深加工利用技术研究与开发	国家科技进步奖	2	林化所	宋湛谦
38	2008	油茶高产品种选育与丰产栽培技术及推广	国家科技进步奖	2	亚林所	姚小华
39	1985	自身交联型醋酸乙烯共聚及丙烯醋酸共聚乳液胶	国家科技进步奖	3	林化所	吕时铎
40	1985	3MFC-4型超低容量喷雾机	国家科技进步奖	3	木工所	张世田
41	1985	硬质纤维板废水封闭循环中间试验	国家科技进步奖	3	木工所	袁东岩

（续）

序号	获奖年度	成果名称	奖励名称	等级	第一完成单位	第一完成人
42	1985	胶粘剂检验方法 ZY224−238−83	国家科技进步奖	3	木工所	夏志远
43	1987	SD−1 单板封边用湿粘性胶纸带研制	国家科技进步奖	3	木工所	董景华
44	1987	橡碗栲胶生产新工艺的研究	国家科技进步奖	3	林化所	张宗和
45	1987	氯化锌法木质活性炭生产废水净化处理及回收利用研究推广	国家科技进步奖	3	林化所	刘光良
46	1987	柚木培育技术的研究	国家科技进步奖	3	热林所	卢俊培
47	1988	杨尺蠖核多角体病毒的应用研究	国家科技进步奖	3	林业所	王贵成
48	1989	干旱地区杨树深栽造林技术的研究与推广	国家科技进步奖	3	林业所	郑世锴
49	1989	用于森林资源调查的卫星数字图象处理系统	国家科技进步奖	3	资源所	徐冠华
50	1990	快速装卸贴面压机机组的研制	国家科技进步奖	3	木工所	吴树栋
51	1991	海南岛尖峰岭热带树木园研建	国家科技进步奖	3	热林所	王德祯
52	1991	三北防护林公共实验区遥感综合调查技术研究	国家科技进步奖	3	资源所	徐冠华
53	1991	刨花板成套设备主机的引进与研制	国家科技进步奖	3	北林机	仲斯选
54	1993	加勒比松、马占相思等 8 个树种的引种研究	国家科技进步奖	3	林业所	潘志刚
55	1995	泡桐良种 CO20C125 和毛 × 白 33 号选育的研究	国家科技进步奖	3	林业所	熊耀国
56	1995	杨树丰产栽培的生理基础研究	国家科技进步奖	3	林业所	王世绩
57	1995	氢化松香酯类系列产品研制和应用研究	国家科技进步奖	3	林化所	宋湛谦
58	1995	中国竹子主要害虫的研究	国家科技进步奖	3	亚林所	徐天森
59	1995	中林 46 等 12 个杨树新品种杂交育种	国家科技进步奖	3	林业所	黄东森
60	1995	紫胶生产技术的研究与推广	国家科技进步奖	3	资昆所	侯开卫
61	1996	国外杨树引种及区域化试验的研究	国家科技进步奖	3	林业所	张绮纹
62	1996	马尾松造林区优良种源选择	国家科技进步奖	3	亚林所	荣文琛
63	1996	太行山人工水图保持林系列化造林技术	国家科技进步奖	3	林业所	李昌哲
64	1997	中国木材渗透性及其可控制原理和控制途径的研究	国家科技进步奖	3	木工所	鲍甫成
65	1997	西南林区等火灾监测评价	国家科技进步奖	3	资源所	赵宪文
66	1998	欧洲黑杨抗虫转基因的研究	国家科技进步奖	3	林业所	韩一凡
67	1998	南方 19 个油茶高产新品种选育	国家科技进步奖	3	亚林所	庄瑞林
68	1998	余甘子加工利用技术研究	国家科技进步奖	3	资昆所	刘凤书
69	1998	纸浆竹林集约栽培模式研究	国家科技进步奖	3	亚林所	马乃训
70	1998	《中国森林土壤》	国家科技进步奖	3	林业所	张万儒
71	1982	《中国植物志第七卷——裸子植物门》	国家自然科学奖	2	中国林科院	郑万钧
72	1995	中国裸子植物木材超微结构的研究	国家自然科学奖	4	木工所	周　崟
73	1988	小黑杨杂交育种	国家发明奖	2	林业所	黄东森
74	1990	新杂交种——群众杨	国家发明奖	2	林业所	徐纬英
75	1990	植物扦插生根培养装置	国家发明奖	3	林业所	王　涛
76	1991	新杂交种——北京杨	国家发明奖	3	林业所	徐纬英
77	1993	马尾松花粉的采集及储存技术	国家发明奖	4	亚林所	陈炳章
78	1978	杨树良种选育	全国科学大会奖		林业所	徐纬英
79	1978	塑合木材的研究	全国科学大会奖		木工所	朱惠方
80	1978	干法纤维板生产工艺和设备的研究与设计	全国科学大会奖		木工所	钱英琳
81	1978	南方丘陵栽杉的研究	全国科学大会奖		林业所	刘　忠
82	1978	农桐间作综合效益的研究	全国科学大会奖		林业所	竺肇华
83	1978	毛竹枯梢原因及其防治的研究	全国科学大会奖		亚林所	张锡津

（续）

序号	获奖年度	成果名称	奖励名称	等级	第一完成单位	第一完成人
84	1978	纸质装饰塑料贴面板树脂及工艺的研究	全国科学大会奖		木工所	吕时铎
85	1978	航空胶合板生产技术	全国科学大会奖		木工所	孟宪树
86	1978	用小径木、枝丫材制造包装纸板的研究	全国科学大会奖		木工所	王培元
87	1978	栲胶平转型连续浸提工艺和设备的研究	全国科学大会奖		林化所	张宗和
88	1978	聚合松香的研制	全国科学大会奖		林化所	宋湛谦
89	1978	松香制光学树脂胶研究	全国科学大会奖		林化所	谢明德
90	1978	歧化松香悬浮床工艺的研究	全国科学大会奖		林化所	刘宪章
91	1978	食用紫胶色素生产性试验	全国科学大会奖		林化所	王定选
92	1978	乙基化脲醛树脂的生产和使用	全国科学大会奖		林化所	王定选
93	1978	紫胶生产工艺与设备的技术改革	全国科学大会奖		林化所	华仲麟
94	1978	防止松香结晶的理论、工艺研究	全国科学大会奖		林化所	粟子安
95	1978	紫胶虫采种期测报技术	全国科学大会奖		资昆所	欧炳荣
96	1978	林业灌溉机械的研究	全国科学大会奖		哈林机	胡家骐
97	1978	苗圃筑床机的研制	全国科学大会奖		哈林机	刘俊生
98	1978	KDZ 大苗植树机	全国科学大会奖		哈林机	苏忠明
99	1978	Z4JM－2.5 型木材装载机设计	全国科学大会奖		哈林机	毕静波
100	1978	采伐剩余物综合利用机械的研究	全国科学大会奖		哈林机	栾　柯
101	1980	《中国植物志第七卷——裸子植物门》	林业部科技成果奖	1	中国林科院	郑万钧
102	1980	《中国主要树种造林技术》专著	林业部科技成果奖	1	中国林科院	郑万钧
103	1980	中国热带及亚热带木材识别、材性和利用	林业部科技成果奖	1	木工所	成俊卿
104	1982	氢化松香及其连续化生产工艺的研究	林业部科技成果奖	1	林化所	赵守普
105	1980	亚硫酸造纸废液酒槽浓缩液化学采脂的研究	林业部科技成果奖	2	林化所	翟其骅
106	1980	原胶直接制脱色紫胶的研究	林业部科技成果奖	2	林化所	王定选
107	1982	杉木原条材积表的制定	林业部科技成果奖	2	林业所	田景明
108	1982	醋酸乙烯——羟甲基丙烯酰胺共聚乳液研制	林业部科技成果奖	2	林化所	吕时铎
109	1982	松香色级玻璃标准的制定	林业部科技成果奖	2	林化所	粟子安
110	1984	LH-02 型氧化活性炭和 JH-1 型电镀液净化器的研制及在电镀工业上的应用	林业部科技成果奖	2	林化所	韩振先
111	1980	木麻黄木材在建筑中应用的研究	林业部科技成果奖	3	热林所	施振华
112	1980	连续辊压薄页纸贴面板水性配套材料的研制	林业部科技成果奖	3	木工所	韩桐恩
113	1982	ZF－32 型种子光照发芽器	林业部科技成果奖	3	林业所	陶章安
114	1982	河北山地油松飞机播种造林技术的研究	林业部科技成果奖	3	林业所	徐连魁
115	1982	林木种子检验方法的制定	林业部科技成果奖	3	林业所	陶章安
116	1982	油茶芽苗砧嫁接技术的研究	林业部科技成果奖	3	亚林所	韩宁林
117	1982	无表层纸装饰新工艺	林业部科技成果奖	3	木工所	夏志远
118	1982	水泥刨花板的研究	林业部科技成果奖	3	木工所	张维钧
119	1982	湿法硬质纤维板长网污水循环回用试验	林业部科技成果奖	3	木工所	袁东岩
120	1982	3MFC－4 型超低容量喷雾机的研究	林业部科技成果奖	3	木工所	张世田
121	1982	制浆废水化学絮凝处理及在印染废水中的推广应用	林业部科技成果奖	3	林化所	刘光良
122	1982	马尾松松针和生物活性物质的研究	林业部科技成果奖	3	林化所	周维纯
123	1984	湿法硬质纤维板浆料浓度，pH 值，浆池液位自动检测和调节系统	林业部科技成果奖	3	木工所	王培元
124	1984	胶粘剂制造过程自动化	林业部科技成果奖	3	木工所	黄震嘉
125	1984	胶粘剂检验方法	林业部科技成果奖	3	木工所	夏志远

（续）

序号	获奖年度	成 果 名 称	奖励名称	等级	第一完成单位	第一完成人
126	1984	刨花板纸质装饰贴面新工艺及树脂的研究	林业部科技成果奖	3	木工所	刘瑞凤
127	1984	813 稀释剂的研制应用与试生产	林业部科技成果奖	3	林化所	张　健
128	1984	TRB 混凝土减水剂的研制和应用	林业部科技成果奖	3	林化所	张宗和
129	1984	接触型乳液胶粘剂－丙烯酸脂－醋酸乙烯共聚乳液的研究	林业部科技成果奖	3	林化所	吕时铎
130	1984	赤松和黑松叶粉生产工艺及设备的研究	林业部科技成果奖	3	林化所	周维纯
131	1984	EF 植物生长促进剂的提取和应用	林业部科技成果奖	3	林化所	宋永芳
132	1984	提高糠醛质量及制订国家糠醛标准的研究	林业部科技成果奖	3	林化所	何源禄
133	1984	电缆松香的研制	林业部科技成果奖	3	林化所	粟子安
134	1984	藤类栽培技术研究	林业部科技成果奖	3	热林所	许煌灿
135	1984	坡垒种子主要贮藏条件及其生理生活依据	林业部科技成果奖	3	热林所	宋学文
136	1984	桧柏扦插繁殖特性的研究	林业部科技成果奖	3	林业所	王　涛
137	1984	甘肃小陇山次生林综合培育研究	林业部科技成果奖	3	林业所	史建民
138	1984	河北省深县农田林网防护效应的研究	林业部科技成果奖	3	林业所	宋兆民
139	1984	杉木产区区划、宜林地选择及立地评价	林业部科技成果奖	3	林业所	吴中伦
140	1984	DDS-100 型刀式浆料浓度自动检测器及浆料浓度自动调节系统	林业部科技成果奖	3	木工所	王培元
141	1984	MZL-I 型转子式浆料浓度自动检测器	林业部科技成果奖	3	木工所	王培元
142	1984	紫胶白虫茧蜂的人工繁殖	林业部科技成果奖	3	资昆所	赖永祺
143	1994	ABT 生根粉系列的推广	林业部科技进步奖	特	林业所	王　涛
144	1987	ABT 生根粉(膜)推广、开发、应用	林业部科技进步奖	1	林业所	王　涛
145	1987	杉木地理变异和种源区划研究	林业部科技进步奖	1	林业所	洪菊生
146	1989	海南岛尖峰岭热带林生态系统的研究	林业部科技进步奖	1	热林所	蒋有绪
147	1989	三北防护林遥感综合调查公共实验区	林业部科技进步奖	1	资源所	徐冠华
148	1989	竹山肚倍资源综合开发利用的研究	林业部科技进步奖	1	林化所	张宗和
149	1990	微电子技术在木材干燥中的应用研究	林业部科技进步奖	1	木工所	刘耀麟
150	1990	《中国森林土壤》	林业部科技进步奖	1	林业所	张万儒
151	1990	北方旱实核桃 16 个新品种的选育	林业部科技进步奖	1	林业所	奚声珂
152	1991	黄淮海平原中低产区综合防护林体系配套技术及生态经济效益研究	林业部科技进步奖	1	林业所	宋兆民
153	1991	中林 46 等 12 个杨树新品种杂交育种研究	林业部科技进步奖	1	林业所	黄东森
154	1991	大范围绿化工程对荒漠环境质量作用的研究	林业部科技进步奖	1	林业所	高尚武
155	1991	加勒比松、马占相思等 8 个树种的引种研究	林业部科技进步奖	1	林业所	潘志刚
156	1991	华北石质山风沙防护林区遥感综合调查研究	林业部科技进步奖	1	资源所	赵宪文
157	1992	泡桐良种 CO20C125 和毛×白 33 号选育的研究	林业部科技进步奖	1	林业所	熊耀国
158	1992	杨树丰产栽培的生理基础研究	林业部科技进步奖	1	林业所	王沙生
159	1992	林业科学技术中长期发展纲要的研制	林业部科技进步奖	1	中国林科院	黄鹤羽
160	1993	中国林业发展道路的研究	林业部科技进步奖	1	林经所	雍文涛
161	1994	杉木人工林地力衰退及防治技术研究	林业部科技进步奖	1	林业所	盛炜彤
162	1994	棕榈藤的研究	林业部科技进步奖	1	热林所	许煌灿
163	1995	杉木造林优良种源选择及推广	林业部科技进步奖	1	林业所	洪菊生
164	1995	竹林丰产及综合利用技术开发	林业部科技进步奖	1	亚林所	萧江华
165	1995	我国南方人工用材林林业局(场)森林资源现代化经营管理技术	林业部科技进步奖	1	资源所	唐守正
166	1995	中国木材渗透性及其可控制原理和途径的研究	林业部科技进步奖	1	木工所	鲍甫成
167	1996	沙棘遗传改良系统研究	林业部科技进步奖	1	林业所	黄　铨

（续）

序号	获奖年度	成果名称	奖励名称	等级	第一完成单位	第一完成人
168	1996	截根菌根化应用及其机理研究	林业部科技进步奖	1	林业所	花晓梅
169	1997	五个相思树种纸浆材种源和家系选择研究	林业部科技进步奖	1	热林所	杨民权
170	1997	浅色松香松节油增粘树脂系列产品开发	林业部科技进步奖	1	林化所	宋湛谦
171	1998	中国主要人工林树种木材性质研究	林业部科技进步奖	1	木工所	鲍甫成
172	1998	热带林生态系统结构、功能规律的研究	林业部科技进步奖	1	热林所	曾庆波
173	1999	平原农区农林复合生态系统结构与功能研究	国家林业局科技进步奖	1	林业所	宋兆民
174	1999	五倍子单宁深加工技术	国家林业局科技进步奖	1	林化所	张宗和
175	1984	ZLM-50 型木材（5 吨）装载机	林业部科技进步奖	2	哈林机	毕静波
176	1986	柚木培育技术的研究	林业部科技进步奖	2	热林所	卢俊培
177	1986	橡碗栲胶生产新工艺的研究	林业部科技进步奖	2	林化所	张宗和
178	1986	氯化锌法木质活性炭生产废水处理及回收利用的研究和应用	林业部科技进步奖	2	林化所	刘光良
179	1986	SD-1 单板封边用湿粘性胶纸带研制	林业部科技进步奖	2	木工所	董景华
180	1986	3QY-260 型缓冲式圆盘整地机	林业部科技进步奖	2	哈林机	汪志文
181	1987	杨尺蠖核型多角体病毒应用研究	林业部科技进步奖	2	林业所	王贵成
182	1987	黄淮海平原中低产地区综合防护林体系	林业部科技进步奖	2	林业所	赵宗哲
183	1987	油松地理变异和种源区划研究	林业部科技进步奖	2	林业所	徐化成
184	1987	松针叶束嫁接技术	林业部科技进步奖	2	亚林所	陈孝英
185	1987	CT-2 络合剂的研制与应用	林业部科技进步奖	2	林化所	李丙菊
186	1987	主要造林树种苗木国家标准 GB6000—85	林业部科技进步奖	2	热林所	吴菊英
187	1988	用于森林资源调查的卫星数字图象处理系统	林业部科技进步奖	2	资源所	徐冠华
188	1988	马尾松种源变异及种源区划的研究	林业部科技进步奖	2	亚林所	陈建仁
189	1988	刨花板贴面用低压短周期浸渍树脂及其贴面研究	林业部科技进步奖	2	木工所	韩桐恩
190	1988	2000 年中国森林发展与环境效益预测的研究	林业部科技进步奖	2	林业所	蒋有绪
191	1988	干旱地区杨树深栽造林技术的研究与推广	林业部科技进步奖	2	林业所	郑世锴
192	1988	制浆废水综合回收处理	林业部科技进步奖	2	林化所	刘光良
193	1988	五倍子(国家标准)	林业部科技进步奖	2	资昆所	夏定久
194	1989	泡桐属植物的种类分布及综合特性的研究	林业部科技进步奖	2	林业所	竺肇华
195	1989	浙皱-7号等三个千年桐无性系的选育及高产无性系示范推广	林业部科技进步奖	2	亚林所	王劲风
196	1989	快速装卸贴面压机机组的研制	林业部科技进步奖	2	木工所	吴树栋
197	1990	海南岛热带尖峰岭树木园的研建	林业部科技进步奖	2	热林所	王德祯
198	1990	BQ1813 无卡轴旋切机的研制	林业部科技进步奖	2	北林机	路　健
199	1991	杨树杂交胚胎学的研究	林业部科技进步奖	2	林业所	李文钿
200	1991	农桐间作综合效能及优化模式的研究	林业部科技进步奖	2	林业所	竺肇华
201	1991	二三代类型区马尾松毛虫综合管理技术研究	林业部科技进步奖	2	林业所	陈昌洁
202	1991	多元统计分析方法在林业中的应用及IBM-PC系列程序集研究	林业部科技进步奖	2	资源所	唐守正
203	1991	紫胶原胶生产配套技术的推广	林业部科技进步奖	2	资昆所	侯开卫
204	1992	中国主要树种木材物理力学性质的研究	林业部科技进步奖	2	木工所	李源哲
205	1992	湿地松、火炬松种源试验	林业部科技进步奖	2	林业所	潘志刚
206	1992	意大利 214 杨林地施肥效应系统的研究	林业部科技进步奖	2	林业所	刘寿波
207	1992	优良薪材树种薪材林栽培经营技术的研究	林业部科技进步奖	2	林业所	高尚武
208	1992	用材林基地立地分类、评价及适地适树的研究	林业部科技进步奖	2	林业所	张万儒
209	1992	林木菌根及应用技术	林业部科技进步奖	2	林业所	郭秀珍

（续）

序号	获奖年度	成果名称	奖励名称	等级	第一完成单位	第一完成人
210	1992	杉木速生丰产林优化密度控制技术	林业部科技进步奖	2	林业所	刘景芳
211	1993	太行山立地分类评价及适地适树研究	林业部科技进步奖	2	林业所	杨继镐
212	1993	盐渍化砂地适生树种选择及抗逆性造林试验	林业部科技进步奖	2	林业所	周士威
213	1993	防风固沙林体系优化模式的选定与试验示范区的建设	林业部科技进步奖	2	林业所	刘健华
214	1993	杉木速生丰产标准	林业部科技进步奖	2	林业所	盛炜彤
215	1993	国外杨树引种及区域化试验的研究	林业部科技进步奖	2	林业所	张绮纹
216	1993	外生菌根真菌(Pt)松树育苗中的应用	林业部科技进步奖	2	林业所	花晓梅
217	1993	林业化学除草技术的研究	林业部科技进步奖	2	林业所	陈国海
218	1993	氢化松香酯类系列产品研制和应用研究	林业部科技进步奖	2	林化所	宋湛谦
219	1993	沙棘油提取新工艺扩试	林业部科技进步奖	2	林化所	陈友地
220	1993	中国裸子植物木材超微结构的研究	林业部科技进步奖	2	木工所	周　鉴
221	1993	中国林业产业政策及其区域比较研究	林业部科技进步奖	2	林经所	金锡洙
222	1994	欧洲黑杨抗虫转基因的研究	林业部科技进步奖	2	林业所	韩一凡
223	1994	毛乌素沙地立地分类评价、适地适树研究	林业部科技进步奖	2	林业所	朱灵益
224	1994	沙棘果实的综合利用和加工系列产品技术	林业部科技进步奖	2	林业所	王守宗
225	1994	中国竹子主要害虫的研究	林业部科技进步奖	2	亚林所	徐天森
226	1994	马尾松造林区优良种源选择	林业部科技进步奖	2	亚林所	荣文琛
227	1994	南方 19 个油茶高产新品种的选育	林业部科技进步奖	2	亚林所	庄瑞林
228	1994	广西国营林场资源经营管理辅助决策信息系统	林业部科技进步奖	2	资源所	鞠洪波
229	1994	高速离心雾化机的研制与应用	林业部科技进步奖	2	林化所	唐金鑫
230	1994	以松香衍生物为单体制造高分子材料——松香聚酯多元醇研究	林业部科技进步奖	2	林化所	张跃冬
231	1994	世界林业研究	林业部科技进步奖	2	科信所	关百钧
232	1995	毛竹林养分循环规律及其应用的研究	林业部科技进步奖	2	亚林所	傅懋毅
233	1995	太行山水土保持林系列化造林技术	林业部科技进步奖	2	林业所	李昌哲
234	1995	桉属树种引种栽培的研究	林业部科技进步奖	2	热林所	白嘉雨
235	1995	改造利用野生倍林提高角倍产量技术	林业部科技进步奖	2	资昆所	赖永祺
236	1995	建筑用材防腐技术在古建筑上的应用——布达拉宫塔尔寺及天安门古建维修工程	林业部科技进步奖	2	木工所	纪成操
237	1995	森林资源核算及纳入国民经济核算体系研究	林业部科技进步奖	2	林经所	孔繁文
238	1996	甜柿引种及其早实优质高产栽培技术研究	林业部科技进步奖	2	亚林所	王劲风
239	1996	西南林区等火灾监测评价	林业部科技进步奖	2	资源所	赵宪文
240	1996	松毛虫细胞质多角体病毒杀虫剂中试	林业部科技进步奖	2	森环森保所	陈昌洁
241	1996	中国重要木材干燥基准的研制	林业部科技进步奖	2	木工所	何定华
242	1996	科技进步对林业经济增长作用分析与定量测算研究	林业部科技进步奖	2	中国林科院	黄鹤羽
243	1997	纸浆竹林集约栽培模式研究	林业部科技进步奖	2	亚林所	马乃训
244	1997	余甘子加工利用技术研究	林业部科技进步奖	2	资昆所	刘凤书
245	1997	细菌(Bt)杀虫剂的研制及应用技术研究	林业部科技进步奖	2	亚林所	李玉萍
246	1998	杉木建筑材优化栽培模式研究	林业部科技进步奖	2	林业所	盛炜彤
247	1998	一字竹笋象综合防治技术研究	林业部科技进步奖	2	亚林所	王浩杰
248	1998	《中国森林昆虫》	林业部科技进步奖	2	森环森保所	萧刚柔
249	1999	中国小蠹虫寄生蜂	林业部科技进步奖	2	森环森保所	杨忠岐
250	1999	重要针阔叶树种种质资源库建立与保存技术研究	林业部科技进步奖	2	林业所	顾万春
251	1999	TDS 植物生长调节剂提高板栗结果率技术	林业部科技进步奖	2	亚林所	苏梦云

（续）

序号	获奖年度	成果名称	奖励名称	等级	第一完成单位	第一完成人
252	1999	三北防护林体系和植被变化监测系列技术	林业部科技进步奖	2	资源所	张玉贵
253	1999	红树林主要树种造林和经营技术研究	林业部科技进步奖	2	热林所	郑德璋
254	1999	二元立木生物量模型及其相容的一元自适应模型系列	林业部科技进步奖	2	资源所	唐守正
255	1985	紫胶虫寄主树良种选育	林业部科技进步奖	3	资昆所	吕福基
256	1986	浙江地区杉木种子园亲本选择及育种程序的研究	林业部科技进步奖	3	亚林所	陈益泰
257	1986	五种危害竹子螟蛾及其综合防治的研究	林业部科技进步奖	3	亚林所	徐天森
258	1986	泡桐壮苗培育成套技术研究	林业部科技进步奖	3	林业所	陆新育
259	1986	安吉竹种园	林业部科技进步奖	3	亚林所	马乃训
260	1986	化学除莠代替劈草炼山(中试)	林业部科技进步奖	3	林业所	陈国海
261	1986	湖南珠州杉木造林整地对水土保持和幼林生产的影响定位研究	林业部科技进步奖	3	林业所	张先仪
262	1986	泡桐丛枝病的研究与防治	林业部科技进步奖	3	林业所	金开璇
263	1986	非洲桃花心木引种及栽培技术的研究	林业部科技进步奖	3	热林所	陈庆章
264	1986	佛罗里达平菇研究与推广栽培试验	林业部科技进步奖	3	林化所	陆锡娟
265	1986	合成革用增粘剂(木浆纤维素粉)的研究与应用	林业部科技进步奖	3	林化所	侯永发
266	1986	改性松针软膏的研制和应用(中试)	林业部科技进步奖	3	林化所	周维纯
267	1986	食品添加剂紫胶(虫胶)(国家标准)	林业部科技进步奖	3	林化所	吴统芳
268	1986	交联型丙烯酸(N 5-2）乳胶的研制与应用	林业部科技进步奖	3	林化所	郑国芬
269	1986	合成樟脑(国家标准)	林业部科技进步奖	3	林化所	刘先章
270	1986	国外林业发展战略调研文集	林业部科技进步奖	3	科信所	魏宝麟
271	1986	全国用材林资源发展趋势的研究	林业部科技进步奖	3	资源所	唐守正
272	1986	人造板机械技术检验通则	林业部科技进步奖	3	北林机	赵金有
273	1986	木材胶粘剂用脲醛树脂标准的研究	林业部科技进步奖	3	木工所	夏志远
274	1986	4ZX-25 型选择式植树机	林业部科技进步奖	3	哈林机	金太显
275	1986	对我国森林保险的研究	林业部科技进步奖	3	林经所	孔繁文
276	1986	关于我国林价问题及序列林价的研究	林业部科技进步奖	3	林经所	孔繁文
277	1987	湿地松、火炬松引种调查研究	林业部科技进步奖	3	林业所	潘志刚
278	1987	杉木种子园施肥研究	林业部科技进步奖	3	亚林所	迟　健
279	1987	海南地区抗锈病、抗旱的柚木地理种源选择	林业部科技进步奖	3	热林所	邝炳朝
280	1987	热压机标准(国家标准)	林业部科技进步奖	3	木工所	林珍玉
281	1987	工业没食子酸和单宁酸（标准）	林业部科技进步奖	3	林化所	顾人侠
282	1987	我国林业发展问题的综合研究	林业部科技进步奖	3	中国林科院	侯治溥
283	1987	微型计算机在贮木场管理中的应用	林业部科技进步奖	3	资源所	王介
284	1987	国有林区林业企业经济责任制问题	林业部科技进步奖	3	林经所	陈国明
285	1988	微机远程通讯系统	林业部科技进步奖	3	资源所	易浩若
286	1988	森林采伐调查设计软件	林业部科技进步奖	3	资源所	刘　杰
287	1988	竹荪室外生料畦栽技术	林业部科技进步奖	3	亚林所	陈连庆
288	1988	毛竹伐桩内施(化)肥方法及其效益	林业部科技进步奖	3	亚林所	石全太
289	1988	中国胶合板用材树种及其性质	林业部科技进步奖	3	木工所	周　崟
290	1988	湿法软质纤维板废水封闭循环回用技术	林业部科技进步奖	3	木工所	袁东岩
291	1988	DY614 × 16/22 单层热压机	林业部科技进步奖	3	木工所	林珍玉
292	1988	白榆地理变异和种源区划	林业部科技进步奖	3	林业所	田志和
293	1988	林业技术改造问题研究	林业部科技进步奖	3	科信所	魏宝麟

（续）

序号	获奖年度	成果名称	奖励名称	等级	第一完成单位	第一完成人
294	1989	紫胶虫种胶(国标)制订	林业部科技进步奖	3	资昆所	陈玉德
295	1989	紫胶虫原胶(国标) 制订	林业部科技进步奖	3	资昆所	侯开卫
296	1989	多种遥感资料林火行为研究及阿木尔林业局蓄积损失估计	林业部科技进步奖	3	资源所	赵宪文
297	1989	牡丹江林管局经济信息系统总体设计方案	林业部科技进步奖	3	资源所	侯作春
298	1989	吉林省林业生产调度微机信息管理系统	林业部科技进步奖	3	资源所	车学俭
299	1989	米老排中间试验与组装配套技术的研究	林业部科技进步奖	3	热林中心	黄镜光
300	1989	林业汉语主题词表	林业部科技进步奖	3	科信所	孙本久
301	1989	70～80年代初国外林业技术水平文集	林业部科技进步奖	3	科信所	魏宝麟
302	1989	营林产值理论和方法的应用与分析	林业部科技进步奖	3	林经所	孔繁文
303	1989	东北、内蒙古林区采伐剩余物资源和木片生产技术经济研究	林业部科技进步奖	3	林经所	苏才天
304	1990	核桃丰产与坚果品质国家标准的制定	林业部科技进步奖	3	林业所	张毅萍
305	1990	以昆虫病原微生物为主的马尾松毛虫综合防治技术研究	林业部科技进步奖	3	林业所	陈昌洁
306	1990	林业工业企业普查信息系统软件的开发	林业部科技进步奖	3	资源所	王振琴
307	1990	油茶丰产林国家标准的制定	林业部科技进步奖	3	亚林所	林少韩
308	1990	点蝙蛾与疖蝙蛾生物学特性及防治研究	林业部科技进步奖	3	亚林所	赵锦年
309	1990	竹卵园蝽的研究	林业部科技进步奖	3	亚林所	徐天森
310	1990	油茶无性系早实丰产配套技术的研究	林业部科技进步奖	3	亚林所	韩宁林
311	1990	热带优良速生薪材树种选择及薪材林培育技术研究	林业部科技进步奖	3	热林所	郑海水
312	1990	中密度纤维板生产工艺研究	林业部科技进步奖	3	木工所	钱瑛琳
313	1990	快中子次级准直器木质构件的研制	林业部科技进步奖	3	木工所	史广兴
314	1990	用乙二醇季戊四醇代替甘油制造松香树脂	林业部科技进步奖	3	林化所	高德华
315	1990	AE-36可发泡自交联丙烯酸乳液的研制	林业部科技进步奖	3	林化所	朱永年
316	1990	粉状松针膏添加剂研制与应用	林业部科技进步奖	3	林化所	周维纯
317	1990	广西龙胜各族自治县经济社会综合发展规划	林业部科技进步奖	3	林经所	王幼臣
318	1991	杨树人工速生丰产用材林行标的制定	林业部科技进步奖	3	林业所	赵天锡
319	1991	毛白杨优良无性系38,39,90,9803,001号的选育	林业部科技进步奖	3	林业所	顾万春
320	1991	杨树水分生理及其应用研究	林业部科技进步奖	3	林业所	刘奉觉
321	1991	白榆优良种源选择	林业部科技进步奖	3	林业所	马常耕
322	1991	华北树种资源的研究——《华北树木志》	林业部科技进步奖	3	林业所	宋朝枢
323	1991	浙、湘、赣毛竹低产林改造技术推广	林业部科技进步奖	3	亚林所	萧江华
324	1991	带图象的微机辅助国产木材识别系统的研制	林业部科技进步奖	3	木工所	杨家驹
325	1991	3MF-2B型背负式多用喷雾机的研制	林业部科技进步奖	3	木工所	张世田
326	1991	间苯二酚苯酚甲醛树脂的研制及其在胶合木墚上的应用	林业部科技进步奖	3	木工所	罗文士
327	1991	高剪切多用途丙烯酸系列乳液压敏胶的研究	林业部科技进步奖	3	林化所	赵临五
328	1991	食品添加剂松香甘油酯和氰化松香甘油酯国标的制定	林业部科技进步奖	3	林化所	宋湛谦
329	1991	中国林业科技实力评价与发展战略研究	林业部科技进步奖	3	科信所	魏宝麟
330	1991	世界林业事实数据库的研建	林业部科技进步奖	3	科信所	朱石麟
331	1991	用WS文本文件进行刊物编辑建库和SAB微机通用情报数据库管理系统的研建	林业部科技进步奖	3	科信所	王忠明
332	1991	引进人造板和林化机械设备调研	林业部科技进步奖	3	北林机	舒懋琦
333	1991	超滤法处理湿法纤维板热压废水技术	林业部科技进步奖	3	木工所	王　正
334	1991	国家标准《热固性树脂装饰层压板》制定	林业部科技进步奖	3	木工所	韩桐恩
335	1991	CJ-40营林集材机	林业部科技进步奖	3	哈林机	王　忠

（续）

序号	获奖年度	成果名称	奖励名称	等级	第一完成单位	第一完成人
336	1991	BY9 型液压起重臂	林业部科技进步奖	3	哈林机	宋景禄
337	1991	BBP123Q 小径原木剥皮机	林业部科技进步奖	3	哈林机	赵立岗
338	1991	BY13 型液压起重臂	林业部科技进步奖	3	哈林机	宋景禄
339	1992	“三北”防护林生态效应综合研究	林业部科技进步奖	3	资源所	虞献平
340	1992	华山松种源选择的研究	林业部科技进步奖	3	林业所	马常耕
341	1992	中国主要木材超微结构观察研究	林业部科技进步奖	3	森环森保所	腰希申
342	1992	肚倍高产稳产技术研究	林业部科技进步奖	3	资昆所	夏定久
343	1992	高耐磨静电植绒用丙烯酸酯乳液胶粘剂	林业部科技进步奖	3	林化所	吕时铎
344	1992	石梓栽培技术的研究	林业部科技进步奖	3	热林所	李炎香
345	1992	木材缺陷（国家标准）修订	林业部科技进步奖	3	木工所	周光化
346	1992	我国主要树种的木材天然耐腐和抗蛀的研究	林业部科技进步奖	3	木工所	周　明
347	1992	桉树种源引种研究	林业部科技进步奖	3	桉树中心	祁述雄
348	1992	桉树速生丰产技术研究	林业部科技进步奖	3	桉树中心	祁述雄
349	1992	3QY－200 型缓冲式圆盘整地机	林业部科技进步奖	3	哈林机	周洪英
350	1992	工厂苗栽植机（工）具的研究	林业部科技进步奖	3	哈林机	金太显
351	1992	林业机械标准体系表标准	林业部科技进步奖	3	哈林机	吴英良
352	1993	林木种子贮藏标准	林业部科技进步奖	3	林业所	陶章安
353	1993	稀土在育苗和经济林上的应用研究	林业部科技进步奖	3	林业所	连友钦
354	1993	油橄榄系列产品标准	林业部科技进步奖	3	林业所	薛益民
355	1993	核桃早实丰产优化技术	林业部科技进步奖	3	林业所	张毅萍
356	1993	毛竹林大小年改制技术和施肥制度研究	林业部科技进步奖	3	亚林所	洪顺山
357	1993	新防腐剂 TWP 橡胶木防腐试验	林业部科技进步奖	3	热林所	施振华
358	1993	210 #松香改性酚醛树脂新工艺	林业部科技进步奖	3	林化所	高德华
359	1993	合成革 MCC 微孔剂的研制和应用	林业部科技进步奖	3	林化所	侯永发
360	1993	泡桐剩余物刨花板生产新工艺	林业部科技进步奖	3	木工所	齐维君
361	1993	中国林产品进口贸易问题研究——改革开放以来我国技术贸易的发展和改进建议	林业部科技进步奖	3	科信所	林凤鸣
362	1994	太行山水土保持林效益研究	林业部科技进步奖	3	林业所	李昌哲
363	1994	黄泛平原林地资源调查	林业部科技进步奖	3	林业所	刘寿坡
364	1994	杉木人工林经营数表的编制	林业部科技进步奖	3	林业所	刘景芳
365	1994	森林土壤标准物质研究	林业部科技进步奖	3	林业所	杨光滢
366	1994	美洲黑杨 W01 等 4 个无性系选育	林业部科技进步奖	3	林业所	赵汉章
367	1994	亚热带杉木、马尾松人工林水文功能的研究	林业部科技进步奖	3	森环森保所	马雪华
368	1994	中国主要竹材微观及超微观结构的研究	林业部科技进步奖	3	森环森保所	腰希申
369	1994	中林 115 等 3 个抗溃疡病新品种选育	林业部科技进步奖	3	森环森保所	向玉英
370	1994	以抗虫品种为主综合防治光肩星天牛技术的研究	林业部科技进步奖	3	森保所	秦锡祥
371	1994	我国根结线虫种类调查及酯酶在其分类中的作用	林业部科技进步奖	3	森保所	杨宝君
372	1994	海南岛蝴蝶的区系组成及其生态分布的研究	林业部科技进步奖	3	热林所	顾茂彬
373	1994	杨树良种无性系木材性质及营林措施对杨树材质的影响	林业部科技进步奖	3	木工所	柴修武
374	1994	杨树皮类脂提取工艺和工业利用研究	林业部科技进步奖	3	林化所	周维纯
375	1995	日本落叶松扦插育苗配套技术研究	林业部科技进步奖	3	林业所	王笑山
376	1995	国内外茶花品种收集及其利用方法研究	林业部科技进步奖	3	亚林所	高继银
377	1995	整地施肥对淮北低产地杨树人工林综合效应研究	林业部科技进步奖	3	林业所	李贻铨

（续）

序号	获奖年度	成果名称	奖励名称	等级	第一完成单位	第一完成人
378	1995	华北次生林两维分类经营技术模式研究	林业部科技进步奖	3	林业所	李国猷
379	1995	黑荆树良种选育及高产栽培技术体系的研究	林业部科技进步奖	3	亚林所	高传壁
380	1995	大丰麋鹿对环境的适用利用栖息地变化趋势及管理研究	林业部科技进步奖	3	森环森保所	梁崇岐
381	1995	脂松香国家标准松香试验方法国家标准	林业部科技进步奖	3	林化所	刘先章
382	1995	WFR－木材及人造板系列阻燃技术	林业部科技进步奖	3	木工所	刘燕吉
383	1995	核工业乏燃料运输容器减震材料的研究	林业部科技进步奖	3	木工所	管　宁
384	1995	依靠科技进步缓解森林资源危机对策研究	林业部科技进步奖	3	中国林科院	黄鹤羽
385	1995	自动调控一元立木材积表数学模型的研究	林业部科技进步奖	3	资源所	李希菲
386	1995	马尾松杉木间伐材指接技术研究	林业部科技进步奖	3	木工所	朱焕明
387	1995	国家标准《热带阔叶树材普通胶合板》的制订	林业部科技进步奖	3	木工所	曹忠荣
388	1995	泥炭营养块生产设备的研究设计	林业部科技进步奖	3	哈林机	刘少刚
389	1995	JZ50 型集装机的研制	林业部科技进步奖	3	哈林机	宋景禄
390	1996	中国林木育种区区划	林业部科技进步奖	3	林业所	顾万春
391	1996	杉木基因资源收集保存和利用研究	林业部科技进步奖	3	亚林中心	王华缄
392	1996	美洲黑杨南抗 1 号 2 号新品种选育	林业部科技进步奖	3	林业所	韩一凡
393	1996	杉木林下植物群落对土壤肥力的影响	林业部科技进步奖	3	林业所	盛炜彤
394	1996	中国东部沿海地区猛禽迁徒规律研究	林业部科技进步奖	3	林业所	李重和
395	1996	紫胶园生物群落的研究及推广	林业部科技进步奖	3	资昆所	刘化琴
396	1996	海南岛尖峰岭热带林动物区系及生态背景值的研究	林业部科技进步奖	3	热林所	黄　全
397	1996	利用成虫取食习性防治三种杨树天牛的研及推广	林业部科技进步奖	3	森环森保所	高瑞桐
398	1996	苏云金芽孢杆菌制剂标准	林业部科技进步奖	3	亚林所	李玉萍
399	1996	装饰单板板贴面人造板（国家标准）的制定	林业部科技进步奖	3	木工所	王金林
400	1996	国外林业产业政策研究	林业部科技进步奖	3	科信所	林凤鸣
401	1996	我国木本粮油生产预测及发展的优化方案——以核桃红枣为例	林业部科技进步奖	3	林业所	薛益民
402	1996	中国森林资源价值核算研究	林业部科技进步奖	3	科信所	侯元兆
403	1997	欧美杨胶合板材纸浆材新品种选育和遗传规律研究	林业部科技进步奖	3	林业所	韩一凡
404	1997	杨树抗虫转基因植株培育技术	林业部科技进步奖	3	林业所	王学聘
405	1997	火炬松湿地松建筑纸浆材多性状综合选择的研究	林业部科技进步奖	3	亚林所	刘绍息
406	1997	大青山石山树木园营建与林木引种驯化研究	林业部科技进步奖	3	热林中心	李干善
407	1997	三峡库区坡地植被研究	林业部科技进步奖	3	林业所	黄雨霖
408	1997	东北天然林区立体林业经营技术－黑龙江省省带岭林区立体林业经营试验	林业部科技进步奖	3	林业所	蒋有绪
409	1997	航天遥感资料在森林二类调查中的应用研究	林业部科技进步奖	3	资源所	赵宪文
410	1997	中国竹类综合数据库	林业部科技进步奖	3	科信所	李卫东
411	1997	泡桐丛枝病脱毒和病原 MLO 检测技术的研究	林业部科技进步奖	3	森环森保所	张锡津
412	1997	我国森林土壤中苏云金芽孢杆菌生态分布的研究	林业部科技进步奖	3	森环森保所	戴莲韵
413	1997	LF－87 中密度纤维板用低毒脲醛树脂的研制和推广应用	林业部科技进步奖	3	木工所	孙振鸢
414	1997	氢化松香(国家标准)制订	林业部科技进步奖	3	林化所	宋湛谦
415	1997	木材工业胶粘剂用脲醛酚醛三聚氰胺甲醛树脂(国家标准)制订	林业部科技进步奖	3	木工所	李亚兰
416	1997	思茅林业行动计划	林业部科技进步奖	3	科信所	施昆山
417	1997	长瓣短柱茶种质异地保存优选和早实丰产研究	林业部科技进步奖	3	亚林所	翁月霞
418	1997	转子式刨花干燥机的研制	林业部科技进步奖	3	北林机	孙效先
419	1997	林业苗圃新型喷灌（微灌）系统的研究	林业部科技进步奖	3	哈林机	汪志文

（续）

序号	获奖年度	成果名称	奖励名称	等级	第一完成单位	第一完成人
420	1998	YH－1 耐洗型喷胶棉用醋丙多元共聚乳液胶粘剂	林业部科技进步奖	3	林化所	储富祥
421	1998	翘鳞肉齿菌的生物学及防腐效应的研究	林业部科技进步奖	3	资昆所	冯 颖
422	1998	市场经济国家国有林发展模式比较研究	林业部科技进步奖	3	科信所	李智勇
423	1998	林木稳态矿质营养理论与技术研究及应用	林业部科技进步奖	3	林业所	贾慧君
424	1998	《杨树速生丰产用材林主要栽培品种苗木》标准	林业部科技进步奖	3	林业所	陈章水
425	1998	《木材学》	林业部科技进步奖	3	木工所	成俊卿
426	1999	杉木、杨树人工林地力衰退原因机制及其维护地力措施研究	国家林业局科技进步奖	3	林业所	杨承栋
427	1999	速生用材树种合理施肥技术研究	国家林业局科技进步奖	3	林业所	李贻铨
428	1999	黄淮海平原兰考泡桐胶合板材林优化栽培模式研究	国家林业局科技进步奖	3	泡桐中心	李宗然
429	1999	太行山主要植被水土保持及水源涵养效益研究	国家林业局科技进步奖	3	林业所	石清峰
430	1999	专业科技查新科学化和规范化及系统管理研究	国家林业局科技进步奖	3	科信所	丁蕴一
431	1999	桉树纸浆材优化栽培模式研究	国家林业局科技进步奖	3	桉树中心	王观明
432	1999	太行山植被快速恢复技术及土壤水分环境研究	国家林业局科技进步奖	3	林业所	李昌哲
433	1999	我国森林生态系统水文生态功能规律研究	国家林业局科技进步奖	3	森环森保所	刘世荣
434	1999	我国松属松脂化学特征及与分类学关系的研究	国家林业局科技进步奖	3	林化所	宋湛谦
435	1999	杂交泡桐脱色及防变色技术的研究	国家林业局科技进步奖	3	泡桐中心	黄文豪
436	1999	杉木种子园丰产技术、投资结构及经济效益研究	国家林业局科技进步奖	3	亚林所	王赵民
437	1989	林木种子贮藏 GB7908—87（国家标准）制定	标准化科技进步奖	2	林业所	陶章安
438	1990	林木种子区(国家标准)制订	标准化科技进步奖	2	林业所	徐化成
439	1993	木材物理力学性质试验研究（国家标准）制订	标准化科技进步奖	2	木工所	李源哲
440	1988	五倍子（国家标准）制订	标准化科技进步奖	3	资昆所	夏定久
441	1989	森林土壤分析方法（国家标准）	标准化科技进步奖	3	林业所	张万儒
442	1992	《木质活性炭检验方法》国家标准制定	标准化科技进步奖	3	林化所	朱水兰
443	1994	刨花板（国家标准）制修、订	标准化科技进步奖	3	木工所	陈士英
444	1990	胶合板(国家标准)制订	标准化科技进步奖	4	木工所	曹忠荣
445	1993	脂松节油、松节油分析方法（国家标准）制订 12901～12902-91	标准化科技进步奖	4	林化所	刘宪章
446	1994	木材防腐术语（国家标准）制订	标准化科技进步奖	4	木工所	周光化
447	1996	木材胶粘剂及其树脂检验方法（国家标准）制订	标准化科技进步奖	4	木工所	夏志远
448	1983	工业糠醛(国家标准)	标准化科技成果奖	4	林化所	何源禄
449	1982	木材物理力学性质试验方法（国家标准）	标准化科技成果奖	4	木工所	李源哲
450	2006	国家标准《红木》的制订	中国标准创新贡献奖	3	木工所	杨家驹
451	2006	《室内装饰装修材料 人造板及其制品中甲醛释放限量》的制订	中国标准创新贡献奖	3	木工所	王维新
452	2007	甲醛释放量检测用 $1m^3$ 气候箱	中国标准创新贡献奖	3	木工所	程 放
453	2007	胶合板（GB/T 9846.1～9846.8—2004）	中国标准创新贡献奖	3	木工所	曹忠荣
454	1978	LB 型滚筒式枝丫材剥皮机	黑龙江省科学大会奖		哈林机	赵立岗
455	1978	BG 滚筒式枝丫材剥皮机	黑龙江省科学大会奖		哈林机	赵立岗
456	1978	ZC－1.25 型筑床机	黑龙江省科学大会奖		哈林机	刘俊生
457	1978	ZB5 ZW5 型整地挖坑机	黑龙江省科学大会奖		哈林机	苏忠明
458	1978	3ZX 型水环轮自吸泵	黑龙江省科学大会奖		哈林机	汪志文
459	1978	LX－LX－650 型联合削片机	黑龙江省科学大会奖		哈林机	栾 柯
460	1978	MB－22 型木片半挂运输车	黑龙江省科学大会奖		哈林机	罗克信
461	1987	林用装卸桥大车同步运行与防风快速制动系统	黑龙江省科技进步奖	3	哈林机	池兴楠

（续）

序号	获奖年度	成果名称	奖励名称	等级	第一完成单位	第一完成人
462	1979	木麻黄木材在建筑上的应用	广东省科学大会奖		热林所	胡慕任
463	1979	橡胶木材防虫防腐与利用的研究	广东省科学大会奖		热林所	施振华
464	1979	热带、亚热带珍贵树种引种驯化技术的研究	广东省科学大会奖		热林所	杨民权
465	2003	桉树纸浆用材树种良种选育及培育技术	广东省科学技术奖	2	桉树中心	杨民胜
466	1994	桉树外生菌根及其应用技术研究	广东省科技进步奖	3	热林所	弓明钦
467	1994	海南岛清澜港红树林发展动态研究	广东省科技进步奖	3	热林所	郑德璋
468	1995	水土流失严重地区相思类树种的引种筛选和营林技术的研究	广东省科技进步奖	3	热林所	杨民权
469	1996	贫瘠丘陵地短轮伐期能源、用材树种选择及培育技术研究	广东省科技进步奖	3	热林所	郑海水
470	1997	巨尾桉种质胶丸常温保存研究	广东省科技进步奖	3	热林所	曹月华
471	2000	木麻黄共生固氮及其应用研究	广东省科技进步奖	3	热林所	康丽华
472	1979	毛竹林丰产技术	浙江省科技成果奖	2	亚林所	石全太
473	1985	杉木种子园亲本选择及其育种程序	浙江省科技进步奖	2	亚林所	陈益泰
474	2005	锥栗优良新品种选育研究	浙江省科技进步奖	2	亚林所	龚榜初
475	1979	竹螟防治研究及天敌利用	浙江省科技成果奖	3	亚林所	徐天森
476	1980	油茶芽苗砧嫁接技术的研究	浙江省科技成果奖	3	亚林所	韩宁林
477	1985	安吉竹种园	浙江省科技进步奖	3	亚林所	马乃训
478	1986	油茶抗炭疽病机制的研究	浙江省科技进步奖	3	亚林所	王敬文
479	1986	浙江省马尾松种源测定	浙江省科技进步奖	3	亚林所	陈建仁
480	1986	浙江省湿地松、火炬松引种调查	浙江省科技进步奖	3	亚林所	刘昭息
481	1988	马尾松优树资源选择与嫁接技术研究	浙江省科技进步奖	3	亚林所	秦国峰
482	1996	杉木一代种子园丰产技术及遗传效益研究	浙江省科技进步奖	3	亚林所	王赵民
483	1996	火炬松纸浆材良种选育的研究	浙江省科技进步奖	3	亚林所	刘昭息
484	1997	马尾松造纸材定向选育及种子园丰产技术研究	浙江省科技进步奖	3	亚林所	秦国峰
485	1997	马尾松不同类型苗木培育技术的系列研究	浙江省科技进步奖	3	亚林所	秦国峰
486	1998	组培苗商品化开发和利用研究	浙江省科技进步奖	3	亚林所	阙国宁
487	2000	高产高效叶用银杏促成栽培研究	浙江省科技进步奖	3	亚林所	韩宁林
488	2002	樟树地理种源变异规律研究和绿化用优育种源研究	浙江省科技进步奖	3	亚林所	姚小华
489	2003	浙江省阔叶绿化树种选育和快繁技术研究	浙江省科技进步奖	3	亚林所	姜景民
490	2004	马尾松杂交育种及二代建园材料选择研究	浙江省科技进步奖	3	亚林所	金国庆
491	2007	木荷高效生物防火优良种源选择和应用	浙江省科技进步奖	3	亚林所	周志春
492	1978	云南省紫胶虫自然产区形成条件及其类型的研究	云南省科技进步奖		资昆所	张诗财
493	1991	紫胶生产技术的研究与推广	云南省科技进步奖	1	资昆所	侯开卫
494	2003	云南民族食用昆虫资源考察及利用前景评述	云南省科学技术奖	2	资昆所	冯　颖
495	2003	干热河谷地区刺云实速生丰产试验示范及加工技术研究	云南省科学技术奖	2	资昆所	夏定久
496	2006	紫胶虫遗传资源基因库建立及遗传试验	云南省科学技术奖	2	资昆所	陈晓鸣
497	1993	余甘子保健饮料的研制	云南省科技进步奖	3	资昆所	刘凤书
498	1993	改造利用野生倍林提高角倍产量技术	云南省科技进步奖	3	资昆所	赖永祺
499	1993	紫胶园树种配置技术的研究	云南省科技进步奖	3	资昆所	刘化琴
500	2008	金沙江流域退耕还林（竹）综合配套技术试验示	云南省科技进步奖	3	资昆所	李　昆
501	2001	木本豆类马鹿花、木豆蛋白饲料资源开发	云南省科学技术奖	3	资昆所	吕福基
502	2001	松毛虫应用价值及其对松毛虫防治的作用	云南省科学技术奖	3	资昆所	何剑中
503	2003	澜沧江、珠江二大生态防护林工程马鹿花造林技术试验示范	云南省科学技术奖	3	资昆所	谷　勇

（续）

序号	获奖年度	成果名称	奖励名称	等级	第一完成单位	第一完成人
504	2003	木豆新品种及栽培技术引进	云南省科学技术奖	3	资昆所	李正红
505	2005	印楝引种及优质丰产栽培技术研究	云南省科学技术奖	3	资昆所	张燕平
506	2007	红河、珠江流域石质山地植被恢复模式的研究	云南省科学技术奖	3	资昆所	谷 勇
507	2003	柠檬酸专用活性炭开发研究	江苏省科技进步奖	2	林化所	蒋剑春
508	2002	高效低能耗造纸废水处理工业应用技术	江苏省科技进步奖	3	林化所	施英乔
509	2003	高固体含量多分散聚合物乳液开发技术研究	江苏省科技进步奖	3	林化所	储富祥
510	2005	户外电气绝缘环氧树脂高分子新材料技术研究与开发	江苏省科技进步奖	3	林化所	孔振武
511	1985	杨树与刺槐混交的研究	北京市科技成果奖	2	林业所	黄东森
512	1985	沙兰杨、I-214 杨引种	北京市科技成果奖	2	林业所	黄东森
513	2002	以利用白蛾周氏啮小蜂为主的生物防治美国白蛾技术研究	北京市科技进步奖	2	森环森保所	杨忠岐
514	1978	平原造林技术研究	河南省科技成果奖		林业所	翟书德
515	1978	桐粮间作效益的研究	河南省科技成果奖		林业所	翟书德
516	1978	毛竹丰产和北移的研究	河南省科技成果奖		林业所	翟书德
517	1978	泡桐从枝病的研究	河南省科技成果奖		林业所	金开璇
518	2002	太行山低山丘陵复合农林业配套技术研究	河南省科技进步奖	1	林业所	孟 平
519	1993	应用中医药防治泡桐丛枝病综合技术研究	河南省科技进步奖	2	泡桐中心	余 杰
520	2002	利用诱饵树对杨树天牛进行可持续控制技术研究	河南省科技进步奖	2	森环森保所	高瑞桐
521	2007	枣良种光雾工厂化快繁无土育苗技术研究与应用	河南省科技进步奖	2	泡桐中心	阎艳霞
522	1993	泡桐大袋蛾生物防治技术研究	河南省科技进步奖	3	泡桐中心	庞 辉
523	2005	安徽省森林生态网络体系建设研究	安徽省科学技术奖	2	中国林科院	彭镇华
524	2003	大岗山森林生态系统定位研究	江西省科技进步奖	2	亚林中心	王 兵
525	1993	杉木优良家系区域试验及其综合选择和永续利用	江西省科技进步奖	3	亚林中心	王华绒
526	1991	柚木在广西引种栽培	广西区科技进步奖	3	热林中心	黄镜光
527	1984	杨树“小老树”改造及丰产技术研究	山西省科技成果奖	1	林业所	黄东森
528	1995	海南省短轮伐期薪材、用材林树种选择及栽培技术研究	海南省科技进步奖	2	热林所	郑海水
529	1998	海南蝴蝶资源调查与开发利用研究	海南省科技进步奖	1	热林所	顾茂彬
530	1980	边境和林区防火道灭生性化学除草技术的研究	吉林省科技成果奖	4	林业所	陈国海

附　件

附件1 中国林科院历届院长、副院长，秘书长、副秘书长一览表

时 间	院 长	副 院 长	秘书长	副秘书长
1958年	张克侠	张 昭 荀昌武	陶东岱	李万新
1959年	张克侠	张 昭 荀昌武	陶东岱	李万新
1960年	张克侠	张 昭 荀昌武	陶东岱	李万新
1961年	张克侠	张 昭 荀昌武	陶东岱	
1962年	张克侠	郑万钧 张瑞林	陶东岱	
1963年	张克侠	郑万钧 李相符 张瑞林	陶东岱	
1964年	张克侠	郑万钧 张瑞林 陶东岱		
1965年	张克侠	郑万钧 张瑞林 陶东岱		
1966年	张克侠	郑万钧 张瑞林		
1967年	张克侠	郑万钧 张瑞林		
1968年	张克侠	郑万钧 张瑞林		
1969年	张克侠	郑万钧 张瑞林		
1970~1977年	1970年8月中国林科院与中国农科院合并为中国农林科学院 党的核心小组成员有赵秋志、缪荣兴、陶东岱			
1978年	郑万钧	陶东岱 李万新 杨子争 吴中伦 王庆波		
1979年	郑万钧	陶东岱 李万新 杨子争 吴中伦 王庆波		
1980年	郑万钧	陶东岱 李万新 杨子争 吴中伦 王 恺 李子民 刘学恩 王庆波		
1981年	郑万钧	陶东岱 李万新 杨子争 吴中伦 王 恺 李子民 王庆波		
1982年	郑万钧（名誉院长） 黄 枢	王庆波 王 恺 侯治溥		
1983年	郑万钧（名誉院长） 黄 枢	王庆波 王 恺 侯治溥		
1984年	黄 枢	王庆波 王 恺 侯治溥		
1985年	黄 枢	王庆波 王 恺 侯治溥		
1986年	刘于鹤	侯治溥 陈统爱 缪荣兴		
1987年	刘于鹤	陈统爱 缪荣兴 甄仁德		洪菊生
1988年	刘于鹤	陈统爱 缪荣兴 甄仁德 刘永龙 洪菊生		
1989年	刘于鹤	缪荣兴 甄仁德 刘永龙 洪菊生		
1990年	刘于鹤	刘永龙 洪菊生 张久荣		
1991年	刘于鹤	洪菊生 张久荣		
1992年	陈统爱	甄仁德 洪菊生 张久荣 宋 闯		
1993年	陈统爱	甄仁德 洪菊生 张久荣 宋 闯		
1994年	陈统爱	张久荣 洪菊生 宋 闯 熊耀国 罗 湘 慈龙骏		
1995年	陈统爱	张久荣 洪菊生 宋 闯 熊耀国 罗 湘 慈龙骏		

（续）

时 间	院 长	副 院 长	秘书长	副秘书长
1996年	江泽慧	张久荣（常务） 洪菊生 宋 闯 熊耀国 罗 湘 慈龙骏		
1997年	江泽慧	张久荣（常务） 宋 闯 熊耀国 慈龙骏 张守攻 李向阳		
1998年	江泽慧	张久荣（常务） 熊耀国 慈龙骏 张守攻 李向阳		
1999年	江泽慧	张久荣（常务） 熊耀国 张守攻 李向阳		
2000年	江泽慧	张久荣（常务） 熊耀国 张守攻 李向阳 金 旻		
2001年	江泽慧	张守攻（常务） 熊耀国 李向阳 金 旻		
2002年	江泽慧	张守攻（常务） 熊耀国 李向阳 蔡登谷 金 旻		
2003年	江泽慧	张守攻（常务） 熊耀国 李向阳 蔡登谷 金 旻		
2004年	江泽慧	张守攻（常务） 李向阳 宋 闯 蔡登谷 金 旻 储富祥 刘世荣		
2005年	江泽慧	张守攻（常务） 李向阳 宋 闯 蔡登谷 金 旻 储富祥 刘世荣		
2006年	张守攻	李向阳 宋 闯 蔡登谷 金 旻 储富祥 刘世荣		
2007年	张守攻	李向阳 金 旻 储富祥 刘世荣		
2008年	张守攻	李向阳 金 旻 储富祥 刘世荣		

附件2 中共中国林科院历届分党组（党委）成员一览表

时 间	书 记	副书记	委 员（成 员）	
1958年	张克侠	刘永良	陶东岱 李万新 陈致生 徐纬英 周在有	党委
1959年	张克侠	刘永良	陶东岱 李万新 陈致生 徐纬英 周在有	
1960年	张克侠		陶东岱 李万新 徐纬英 杨义 陈致生	
1961年	张克侠		张瑞林 陶东岱 徐纬英 朱介子 杨义 陈致生	分党组
1962年	张克侠		郑万钧 张瑞林 陶东岱 徐纬英 朱介子 杨义 陈致生	
1963年	张克侠		郑万钧 李相符 张瑞林 陶东岱 徐纬英 朱介子 杨义 陈致生	
1964年	张克侠		郑万钧 张瑞林 陶东岱 徐纬英 朱介子 陈致生	
1965年	张克侠		郑万钧 张瑞林 徐纬英 朱介子 陈致生	
1966年	张克侠		郑万钧 张瑞林 徐纬英 朱介子 陈致生	
1967年	张克侠		郑万钧 张瑞林 徐纬英 朱介子 陈致生	
1968年	张克侠		郑万钧 张瑞林 徐纬英 朱介子 陈致生	
1969年				
1970~1977年	1970年8月中国林科院与中国农科院合并为中国农林科学院 党的核心小组成员有赵秋志、缪荣兴、陶东岱			
1978年	梁昌武	陶东岱	郑万钧 李万新 杨子争 吴中伦 王庆波	分党组
1979年	梁昌武	陶东岱	郑万钧 李万新 杨子争 吴中伦 王庆波	
1980年	梁昌武	陶东岱	郑万钧 李万新 杨子争 吴中伦 王恺 刘学恩 李子民 王庆波	
1981年	梁昌武	陶东岱	郑万钧 李万新 杨子争 吴中伦 王恺 李子民 王庆波	
1982年	杨文英	王庆波	黄枢 王恺 侯治溥	党委
1983年	杨文英	黄枢 王庆波	王恺 侯治溥	
1984年	杨文英	黄枢 王庆波	王恺 侯治溥	
1985年	杨文英	黄枢	王恺 侯治溥	
1986年	刘于鹤		侯治溥 陈统爱 缪荣兴 甄仁德 刘永龙 罗湘	分党组
1987年	刘于鹤		陈统爱 缪荣兴 甄仁德 刘永龙 罗湘	
1988年	刘于鹤		陈统爱 缪荣兴 甄仁德 刘永龙 洪菊生 罗湘	
1989年	刘于鹤		缪荣兴 甄仁德 刘永龙 洪菊生 罗湘	党委
1990年	刘于鹤		刘永龙 洪菊生 张久荣 罗湘	
1991年	刘于鹤	罗湘	洪菊生 张久荣	
1992年1~9月	刘于鹤	罗湘	洪菊生 张久荣	
1992年9~11月	甄仁德		罗湘 洪菊生 张久荣	
1992年11~12月	陈统爱	甄仁德	洪菊生 张久荣 宋闯	分党组
1993年	陈统爱	甄仁德	洪菊生 张久荣 宋闯 罗湘	

（续）

时 间	书 记	副书记	委 员（成 员）	
1994年	陈统爰	张久荣	洪菊生 宋 闯 熊耀国 罗 湘	分党组
1995年	陈统爰	张久荣	洪菊生 宋 闯 熊耀国 罗 湘	
1996年	江泽慧	张久荣	洪菊生 宋 闯 熊耀国 罗 湘	
1997年	江泽慧	张久荣	宋 闯 熊耀国 张守攻 李向阳	
1998年	江泽慧	张久荣	宋 闯 熊耀国 张守攻 李向阳	
1999年	江泽慧	张久荣	宋 闯 熊耀国 张守攻 李向阳 蔡登谷	
2000年	江泽慧	张久荣	宋 闯 熊耀国 张守攻 李向阳 蔡登谷 金 旻	
2001年	江泽慧		张守攻 宋 闯 熊耀国 李向阳 蔡登谷 金 旻	
2002年	江泽慧		张守攻 宋 闯 熊耀国 李向阳 蔡登谷 金 旻 陈幸良	
2003年	江泽慧		张守攻 宋 闯 熊耀国 李向阳 蔡登谷 金 旻 陈幸良	
2004年	江泽慧	李向阳（常务）	张守攻 宋 闯 蔡登谷 金 旻 陈幸良 储富祥 刘世荣	
2005年	江泽慧	李向阳（常务）	张守攻 宋 闯 蔡登谷 金 旻 陈幸良 储富祥 刘世荣	
2006年	张守攻	李向阳（常务）	宋 闯 蔡登谷 金 旻 陈幸良 储富祥 刘世荣	
2007年	张守攻	李向阳（常务）	金 旻 陈幸良 储富祥 刘世荣	
2008年	张守攻	李向阳（常务）	金 旻 陈幸良 储富祥 刘世荣	

附件3 中国林科院研究员及相当职称人员名单

部门	研究员及相当职称人员名单
院部	尹发权 王玉堂 王恺 王琰 兰再平 卢琦 刘于鹤 刘世荣 朱春全 江泽慧 何介田 吴中伦 吴金坤 张久荣 张大华 张华新 张守攻 张星耀 张维钧 李向阳 李溪林 陆文明 陈幸良 陈统爱 陈绪和 郑万钧 金昙 侯治溥 洪菊生 唐午庆 黄伟观 黄鹤羽 傅峰 储富祥 慈龙骏 熊耀国 蔡登谷 赫广森 樊能廷 潘允中 魏俊义
林业研究所	于淑兰 马文元 马常耕 丛日春 王成 王涛 王琦 王雁 王世绩 王兆凤 王军辉 王学聘 王贵禧 王笑山 王博英 王豁然 乐天宇 卢孟柱 石青峰 刘寿坡 刘奉觉 刘金龙 刘兴臣 孙振元 孙晓梅 江泽平 阳含熙 齐力旺 吴波 宋兆民 张万儒 张旭东 张劲松 张建国 张英伯 张孚允 张绮纹 张毅萍 李昌哲 李贻铨 杨立文 杨光滢 杨自湘 杨承栋 杨继镐 花晓梅 苏晓华 连友钦 邱德有 陈嵘 陈国海 陈章水 周士威 周择福 孟平 竺肇华 范少辉 郑世锴 郑勇奇 姜春前 施行博 赵汉章 赵宗哲 赵宝瑄 唐燿 奚声珂 徐化成 徐纬英 徐梅卿 贾成章 贾志清 贾宝全 贾慧君 顾万春 高尚武 崔丽娟 盛炜彤 阎洪 黄铨 黄东森 黄雨霖 彭南轩 彭镇华 惠刚盈 韩一凡 裴东 潘志刚
亚热带林业研究所	马乃训 王赵明 王浩杰 王敬文 王敬风 石全太 刘昭息 朱德俊 张文燕 张建峰 李玉萍 李纪元 萧江华 苏梦云 迟健 邵蓓蓓 陈双林 陈连庆 陈建仁 陈益泰 周志春 林少韩 姚小华 姜景民 洪顺山 费学谦 赵锦年 徐天森 秦国峰 翁月霞 顾小平 高继银 龚榜楚 傅懋毅 韩宁林 虞木奎 裘福庚 阙国宁
热带林业研究所	弓明钦 尹光天 甘四明 白嘉雨 邝炳朝 仲崇禄 许煌灿 张方秋 李意德 陈步峰 周光益 周再知 郑松发 郑海水 郑德璋 徐大平 徐建民 顾茂彬 康丽华 鄂育智 黄世能 曾庆波 曾炳山 梁坤南 廖宝文
森林生态环境与保护研究所	于建国 马光靖 马雪华 王文芝 王兵 王彦辉 史作民 田国忠 向玉英 孙福生 孙翠玲 严静君 吴坚 宋朝枢 张小全 张永安 张真 张清华 张锡津 李天生 李文钿 李兆麟 李建文 李迪强 杨宝君 杨忠岐 汪来发 肖文发 萧刚柔 苏化龙 陈昌洁 陈炳浩 周淑芷 尚鹤 金崑 姚德富 洪涛 赵文霞 徐德应 袁嗣令 郭秀珍 郭泉水 郭浩 高瑞桐 曾大鹏 舒立福 蒋有绪 韩素英 楚国忠 梁军 梁成杰 梁崇岐 臧润国 戴莲韵
资源信息研究所	车学俭 华网坤 张玉贵 张会儒 张旭 李希菲 李志清 李增元 杜纪山 陆元昌 陈尔学 陈永富 易浩若 武红敢 侯作春 赵宪文 唐小明 唐守正 徐冠华 高志海 黄中立 黄清麟 雷渊才 谭炳香 鞠洪波

（续）

部　门	研究员及相当职称人员名单
资源昆虫研究所	冯 颖　史军义　刘凤书　刘化琴　何剑中　张长海　张 弘　张福海 张燕平　李正红　李 昆　李绍家　杨时宇　陈玉德　陈晓鸣　欧炳荣 侯开卫　唐乾若　夏定久　赖永祺
林业科技信息研究所	丁蕴一　王士坤　王忠明　关百钧　刘开玲　朱石麟　张作芳　李卫东 李忠魁　李维长　李智勇　沈照仁　邵青还　陈兆文　陈如平　孟永庆 林凤鸣　郑玉华　侯元兆　施昆山　徐长波　彭修义　韩有钧　魏宝麟
木材工业研究所	于文吉　王天佑　王 正　王志同　王金林　王培元　史广兴　叶克林 任海青　刘君良　刘燕吉　刘耀麟　吕建雄　孙振鸢　成俊卿　朱家琪 朱焕明　朱惠方　阮维之　何乃彰　何定华　吴书泓　吴玉章　吴树栋 吴健身　张占宽　张立菲　张厚培　张 群　李源哲　李荣俊　汪华福 陆熙娴　陈士英　陈平安　周永东　周玉成　周光化　周 明　周 崟 孟宪树　罗文士　姜 征　姜笑梅　段新芳　祖勃荪　夏志远　秦特夫 曹忠荣　黄艺文　程 放　董景华　蒋明亮　鲍甫成　管 宁　滕通濂 颜 镇
林产化学工业研究所	孔令喜　孔振武　王玉华　王成章　王宗濂　王定选　邓先伦　古可隆 刘汉超　刘先章　刘光良　吕时铎　毕良武　何源禄　吴在嵩　宋永芳 宋湛谦　应 浩　张宗和　张跃冬　李丙菊　杨 鸾　沈兆邦　肖尊琰 陈有地　陈笳鸿　陈锡朋　周永红　周维纯　房桂干　郁 青　金 一 金 淳　侯永发　施英桥　贺近恪　赵守普　赵临五　赵振东　钟运猷 唐金鑫　夏建陵　徐 进　聂小安　顾黎明　商士斌　黄立新　黄嘉玲 蒋剑春　谢庚年　谢明德
北京林业机械研究所	王晓军　南生春　费本华　傅万四　路 健
哈尔滨林业机械研究所	马志远　王 忠　刘少刚　刘明刚　朱元耀　毕静波　宋景禄　张名振 李克尧　李凯捷　汪志文　苏忠明　邵振东　陆惠山　罗克信　赵大伟 栾 柯　郭克君　曹立生　黄锦林　樊冬温
林业新技术研究所	万贤崇　杨文斌　赵爱云
热带林业实验中心	蔡子良　蔡道雄
亚热带林业实验中心	马养俊　李江南　夏良放
沙漠林业实验中心	王志刚　刘德安　郝玉光
华北林业实验中心	孙长忠　陈道东
泡桐研究开发中心	王玉魁　王保平　李芳东　李宗然　杜红岩　常德龙　傅大立
桉树研究开发中心	杨民胜　陈少雄　谢耀坚
竹子研究开发中心	丁兴萃　王树东　陈玉和　钟哲科　唐永裕
林业经济研究所（1995年归林业部管理）	孔繁文　王长富　王幼臣　陈国明　金锡洙　侯知正

附件 4　中国林科院获国际木材科学院院士一览表

序号	姓　名	工 作 单 位	国际重要学术组织名称	担任何种职务	任 职 期 限
1	贺近恪	林化所	国际木材科学院	院士	1984 年起终身
2	王定选	林化所	国际木材科学院	院士	1995 年起终身
3	鲍甫成	木工所	国际木材科学院	院士	1997 年起终身
4	江泽慧	院　部	国际木材科学院	院士	1999 年起终身
5	陈绪和	院　部	国际木材科学院	院士	1999 年起终身

附件 5　中国林科院在国际组织任职成员一览表

序号	姓　名	工 作 单 位	国际组织名称	职　　务	任 职 期 限
1	江泽慧	院　部	国际竹藤组织	董事会联合主席	1997 年至今
2	竺肇华	林业所	国际竹藤组织	资深终身研究员	2000 年至今
3	楼一平	亚林所	国际竹藤组织	项目主任	2000 年至今
4	傅金和	亚林所	国际竹藤组织	高级项目官员	2000 年至今
5	白嘉雨	热林所	国际林业研究组织联盟	林营林组副组长	2007 年至今
6	鞠洪波	资源所	《联合国防治荒漠化公约》	指标与基准特设专家组协调员	1997 年至今
7	鞠洪波	资源所	《联合国防治荒漠化公约》	科技委员会独立专家	1997 年至今
8	鞠洪波	资源所	《联合国防治荒漠化公约》	科技委亚洲荒漠化监测与评估网络任务经理	2002 年至今
9	李增元	资源所	《联合国防治荒漠化公约》	科技委员会独立专家	1997 年至今
10	李增元	资源所	《联合国防治荒漠化公约》	早期预警系统专题组专家	2000 年至今
11	张　旭	资源所	《联合国防治荒漠化公约》	科技委员会独立专家	1997 年至今
12	尚　鹤	森环森保所	《联合国防治荒漠化公约》	科技委员会独立专家	1998 年至今
13	王彦辉	森环森保所	《联合国防治荒漠化公约》	科技委员会独立专家	1998 年至今
14	赵宪文	资源所	《联合国防治荒漠化公约》	科技委员会独立专家	1998～2008 年
15	王世绩	林业所	国际杨树委员会	执委会委员	1988～1997 年
16	卢孟柱	林业所	国际杨树委员会	执委会委员	2008 年至今
17	张绮纹	林业所	国际杨树委员会	遗传育种组副主席	2004～2012 年
18	白嘉雨	热林所	国际柚木网络	指导委员会委员	1996 年至今
19	傅懋毅	亚林所	国际竹子协会	指导委员会委员	1997～2008 年
20	舒立福	森环森保所	国际野火协会	会员	1995 年至今
21	舒立福	森环森保所	国际野火协会学术刊物	编委	1995～2002 年
22	李荣生	热林所	国际自然保护联盟物种拯救委员会	棕榈科专家组成员	2009～2012 年
23	崔丽娟	林业所	国际湿地公约	科学技术委员会委员	2003～2005 年
24	王彦辉	森环森保所	国际湿地公约	中国专家网络成员	1997 年至今
25	刘世荣	院　部	《联合国气候变化框架公约》(IPCC) 关于土地利用变化与森林碳项目的第二任务组	协调员	2002 年至今
26	张小全	森环森保所	(IPCC) 国家温室气体清单评审专家组	组长	2009 年
27	张小全	森环森保所	(IPCC) 发达国家温室气体排放清单审评	专家	2004 年至今
28	卢孟柱	林业所	亚太林业研究组织协会	咨询专家	2003 年至今
29	肖文发	森环森保所	亚太林业研究组织协会	执委会委员	2004 年至今

（续）

序号	姓 名	工作单位	国际组织名称	职 务	任职期限
30	郑勇奇	林业所	亚太森林遗传资源计划	国家协调员	2003年至今
31	朱春全	院 部	世界自然基金会	项目执行总监	2007年至今
32	王豁然	林业所	联合国粮农组织森林基因资源专家组	成员	1993年至今
33	王豁然	林业所	斯洛伐克农业大学《森林遗传学》杂志	编委	1997年至今
34	洪菊生	院 部	国际林业研究组织联盟	执行委员会委员	1991～2000年
35	熊耀国	院 部	国际林业研究组织联盟	执行委员会委员	2001～2002年
36	张守攻	院 部	国际林业研究组织联盟	执行委员会委员	2003～2005年
37	刘世荣	院 部	国际林业研究组织联盟	执行委员会委员	2006～2010年
38	史作民	森环森保所	国际林业研究组织联盟	第一学部（营林）异龄林经营学科组 副组长	2006年至今
39	王豁然	林业所	国际林业研究组织联盟	第二学部（森林生理和遗传）阔叶材改良、培育与基因资源学科组协调员	2007年至今
40	郑勇奇	林业所	国际林业研究组织联盟	第二学部（森林生理和遗传）针叶树育种及基因资源学科组副组长	2001年至今
41	苏晓华	林业所	国际林业研究组织联盟	第二学部（森林生理和遗传）树种、生理学及生物技术学科组副协调员	2007年至今
42	卢孟柱	林业所	国际林业研究组织联盟	第二学部（森林生理和遗传）亚洲针叶材培育及基因资源工作组副组长	2005年至今
43	吕建雄	木工所	国际林业研究组织联盟	第五学部（林产品）木材质量自然变易工作组副组长	2003年至今
44	傅金和	亚林所	国际林业研究组织联盟	第五学部（林产品）竹藤工作组组长	2007年至今
45	傅 峰	科技处	国际林业研究组织联盟	第五学部（林产品）胶粘剂及木材胶粘工作组副组长	2001年至今
46	叶克林	木工所	国际林业研究组织联盟	第五学部（林产品）人造板重组与复合产品学科组副协调员	1998年至今
47	李智勇	科信所	国际林业研究组织联盟	第六学部（社会、经济信息及政策科学）经济评估及多效能林业工作组 副组长	2001年至今
48	尚 鹤	森环森保所	国际林业研究组织联盟	第七学(森林健康)部空气污染和气候变化对森林的影响——社会和政治方面工作组 组长	2007年至今
49	杨忠岐	森环森保所	国际林业研究组织联盟	第七学部（森林健康）东北亚森林保护工作组副组长	1996年至今
50	孙鹏森	森环森保所	国际林业研究组织联盟	第八学部(森林环境)景色生态工作组副组长	2007年至今
51	王彦辉	森环森保所	国际林业研究组织联盟	第八学部(森林环境)水的供应和质量工作组副组长	2007年至今
52	赵宪文	资源所	国际林业研究组织联盟	第四学部（森林评估、模式及经营科学）遥感及全球森林监测工作组副组长	2001～2007年
53	陆元昌	资源所	国际林业研究组织联盟	第四学部（森林评估、模式及经营科学）森林经营经济计划系统工作组副组长	2001～2007年
54	陈绪和	院 部	国际林业研究组织联盟	第五学部（林产品）木材剩余物再回收利用产品工作组副组长	1996～2007年
55	白嘉雨	热林所	国际林业研究组织联盟	第一学部（营林）亚太人工林工作组 副组长	1996～2007年

附件6 中国林科院2008年组织机构表

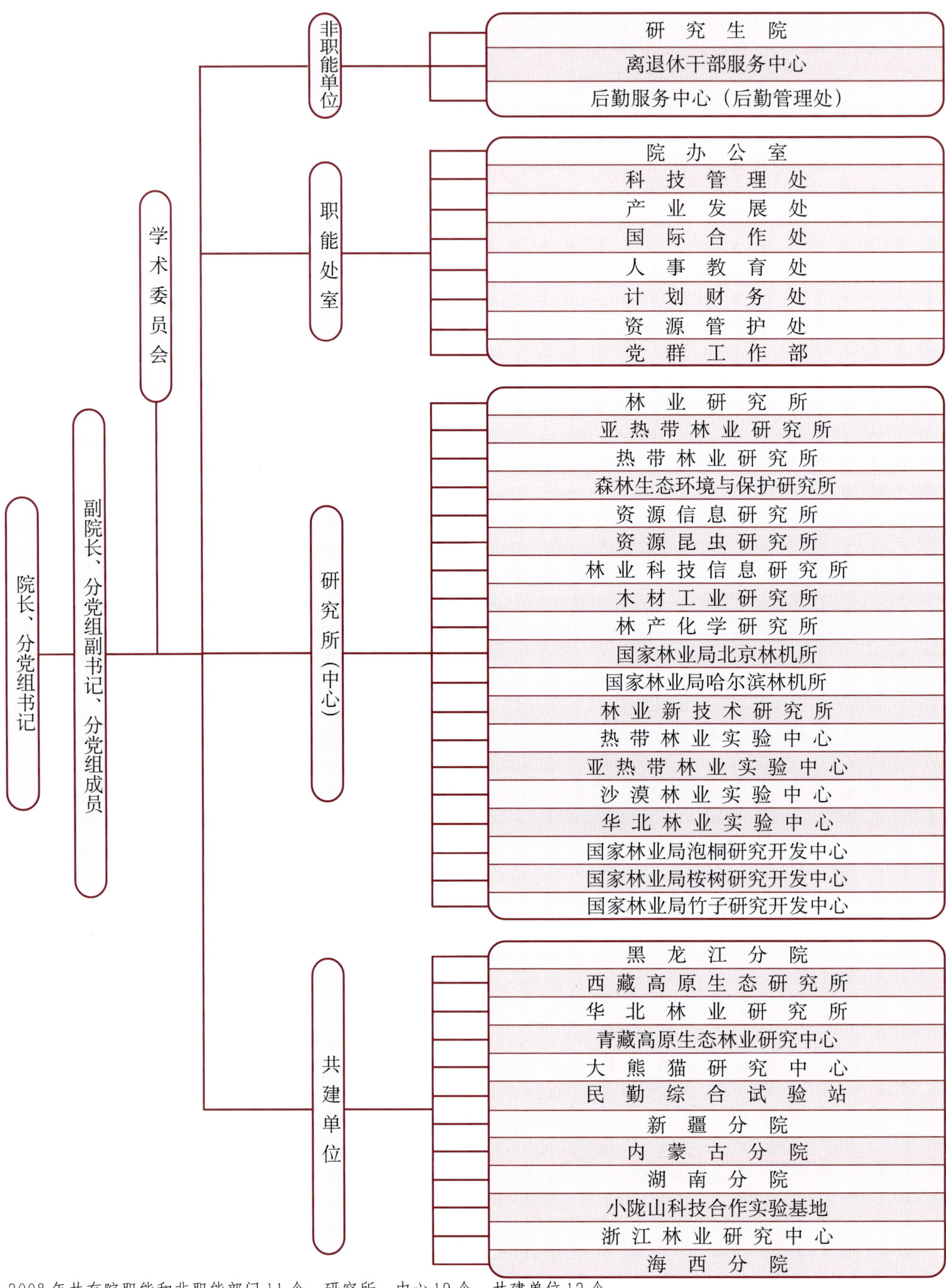

2008年共有院职能和非职能部门11个，研究所、中心19个，共建单位12个。

附件7 中国林科院1978～2008年职工情况一览表

职工情况 人数 年份	职工总数	性别		行政干部	专业技术干部					学历			工人	离退休人员数
		男	女		合计	正高	副高	中级	中级以下	研究生	大学	大专		
1978	1443	951	492	200	637	9	12	71	545				415	
1979	1874	1154	720	221	998	12	29	373	584				697	
1980	4864	3043	1821	363	995	11	29	584	377				3440	
1981	4856	3112	1744	348	1042	10	31	591	410				3423	
1982	5141	3327	1814	388	1203	14	27	598	564				3439	
1983	5107	3320	1787	381	1264	11	35	664	554				3287	
1984	5088	3311	1777	398	1315	9	36	653	617				3235	
1985	5155	3256	1899	393	1391	10	34	635	712				3231	
1986	5105	3268	1837	378	1415	8	70	616	721				3137	
1987	5035	3220	1815	374	1414	7	68	603	736				3094	
1988	4891	3163	1728	219	1826	26	265	628	907				2846	
1989	4715	3113	1602	203	1859	35	258	707	859				2653	
1990	4631	3062	1569	189	1815	53	267	690	805				2627	
1991	4548	2993	1555	184	1783	33	255	665	830				2581	
1992	4417	2925	1492	168	1731	43	299	726	663				2518	
1993	4304	2880	1424	223	1831	66	342	723	700				2250	1549
1994	4012	2634	1378	177	1815	83	379	729	624	977		349	2020	1601
1995	3905	2577	1328	153	1799	105	407	691	596	213	737	357	1953	1643
1996	3834	2559	1275	147	1787	117	424	644	602	240	719	364	1900	1733
1997	3693	2454	1239	142	1724	123	444	629	528	240	684	366	1827	1858
1998	3569	2390	1179	141	1657	129	429	620	479	252	660	349	1771	1970
1999	3494	2348	1146	123	1636	138	429	611	458	286	636	342	1735	2053
2000	3395	2289	1106	119	1575	157	430	591	397	317	583	322	1701	2136
2001	3442	2340	1102	117	1639	169	481	623	366	330	631	345	1686	2343
2002	3257	2210	1047	112	1566	141	441	586	398	359	592	336	1579	2509
2003	3135	2125	1010	115	1581	130	435	578	438	400	587	328	1439	2525
2004	3038	2052	986	109	1593	169	471	570	383	447	543	350	1336	2625
2005	2971	1996	975	105	1599	182	491	584	342	480	544	342	1267	2727
2006	2910	1966	944	102	1608	189	496	601	322	517	540	342	1200	2744
2007	2841	1907	934	97	1627	197	504	635	291	576	561	319	1117	2752
2008	2780	1870	910	94	1649	191	518	649	291	632	572	299	1037	2815

大 事 记

1951 年

（1）2 月 3 日　林垦部第三次部务会议讨论中林所组织机构问题，机构定名为中央林业实验所。并成立中央林业实验所筹备委员会。经筹委会多方进行调研，最后经部领导同意将所址定为北京西郊颐香路旁东小府的西山林场（即现院址）。

（2）1951 年林垦部制定了林业计划（草案），林业研究的任务为：荒山造林的研究、特用林产品调查、林木生长研究、调查并研究主要树种生长与环境的关系、木材力学性与物理性之测定、木材防腐油剂的研究。

1952 年

（1）8 月 13 日　中央林业部第八次部务会议决定：请人事部调陈嵘教授来京主持中林所（筹）工作。

（2）12 月 1 日　中央林业部第十一次部务会议通过本部及各直属局 1953 年编制人数，中林所为 125 人。

（3）12 月 22 日　中央林业部第十二次部务会议研究关于正式成立中央林业研究所问题。（一）1953 年 1 月 1 日正式成立；（二）名称改称为中央林业部林业科学研究所。

1953 年

（1）1 月 26 日中央林业部第二次部务会议决议：（一）中林所由梁希部长直接领导，日常问题请张庆孚主任协助解决部与所之间的工作关系，通过定期的会议制度执行之；（二）各司司长中指定一人专门负责联系。

（2）2 月 13 日，梁希部长在听取中林所所务会议汇报后指示：中林所从速开展造林研究及森林病虫害研究，在研究业务方面成立造林、木材工业、林产化学等三系及编译委员会。

（3）2 月 15 日，朱德副主席在梁希部长陪同下莅所视察并指示“尽快绿化西山，小西山一带尤应先行着手”。

（4）2 月 21 日上午召开了中央林业部林业科学研究所全体人员大会，宣告中林所正式成立。

（5）8 月 7 日中国林学会由中央林业部移于中林所，从 7 月 18 日起陈嵘所长，唐燿副所长为中国林学会常务理事，侯治溥为北京分会的筹委。

（6）11 月 9 日中央林业部第二十八次部务会议通过人事任命：调造林司副司长陶东岱任本部林业科学研究所第一副所长。

1954 年

（1）1 月 4 日，中林所常务会议确定中林所组织机构：行政上成立所长办公室、图书资料室、仪器室、秘书科（含人事工作）、计划科、总务科。业务上分四个系即造林系、森林经理系、木材工业系、林产化学系。

（2）7月28日陶东岱副所长赴苏联参观农业展览会。

（3）11月13日，召开林业研究座谈会，郑万钧、邓叔群、沈鹏飞、干铎、邵均、李范五以及林业部、高教部领导等30人代表19个部门参加了座谈会。会议形成了《为组织全国力量从事林业科学研究草议》。

1955年

8月28日，林业部林业科学研究所副所长陶东岱及部造林局副处长陈致生参加中国农业科学工作者代表团赴芬兰赫尔辛基，出席了第六届世界农业科学化会议，同时还出席了第九届农业经济学家会议。

1956年

（1）5月12日全国人民代表大会常务委员会第40次会议决定，成立中华人民共和国森林工业部。9月国务院第七办公室批准林业科学研究所分为林业与森工两个研究所。

（2）9月7日，森林工业部第13次部务会议决定成立森林工业科学研究所，任命李万新为筹备处主任。

1957年

（1）1月17日，林业部同意林研所成立：植物研究室、形态解剖及生理研究室、森林地理研究室、林木生态研究室、遗传选种研究室、森林土壤研究室、造林研究室、种苗研究室、森林经理研究室、森林经营研究室、森林保护研究室等11个研究室。

（2）3月14日森工部副部长刘成栋宣布森林工业科学研究所正式成立。

（3）7月22日国务院科学规划委员会下发《关于成立专业小组的通知》。林业组共有14人组成，林业组的秘书组设立在林业部林业科学研究所。

（4）8月23日，国家科学规划委员会武衡同志等来林研所、森工所了解按科学规划进行研究工作的情况。

（5）林业科学研究所，森林工业科学研究所选派蒋有绪、张万儒、郭秀珍、黄东森、鲍甫成、夏志远、周光化、何源禄、王宗力等9位青年科技工作者赴苏联学习深造。

1958年

（1）7月4日，林业部下发通知，根据中央事权下放和在全民中开展技术革命和文化革命运动的指示，现将我部林业科学研究所附设在农学院（工学院）的研究室下放各省领导。

（2）8月20日，国家科委公布林业组成员名单，组长张克侠，副组长朱济凡、张昭，组员12人。

（3）10月20日，国务院科学规划委员会复函林业部同意正式成立中国林业科学研究院。10月27日，召开中国林业科学研究院成立大会，宣布正式成立。

1959年

（1）2月20日林业部转发中央1月6日通知任命：

张克侠兼中国林业科学研究院院长；

张昭、荀昌五兼中国林业科学研究院副院长；

陶东岱任中国林业科学研究院秘书长；

李万新任中国林业科学研究院副秘书长兼森林工业研究所所长。

(2) 2月23日至3月5日，由林业部副部长兼院长张克侠主持的全国林业科学技术工作会议在北京香山召开。

1960年

(1) 1月13日中国林业科学研究院向全国林业科学技术工作会议提出“林业科学研究计划管理暂行办法”(草案)。

(2) 2月5日至14日由林业部副部长兼院长张克侠主持的全国林业科学技术工作会议在北京西颐宾馆召开。

(3) 3月8日，召开全院职工大会，院长张克侠宣布院组织机构、人事安排。

(4) 3月8日～12日在苏联莫斯科召开了社会主义国家农林业科学工作协调工作委员会会议，林研所徐纬英副所长代表中国林科院、林业部出席了会议。

(5) 3月8日～5月18日，中国林业科学研究院赴苏代表团共7人，由陶东岱秘书长率领去莫斯科讨论关于“中苏科学技术合作122项第十二方面第八项关于“中国西南高山林区森林植物条件、采伐方式和集材技术研究”的总结。

(6) 5月林研所森林综合考察队第四区队吴浩钧、张育珉承担了对神农架林区综合考察任务，在执行考察任务中遇害身亡，1967年追认为烈士。

1961年

11月16日，经部党组批准，院成立分党组，对部党组负责，并明确其任务。

1962年

(1) 1月16日至28日，由林业部副部长兼院长张克侠主持的全国林业科技工作会议在广州召开，会议酝酿讨论林业科技十年规划，贯彻《科研十四条》。

(2) 7月19日召开院务（扩大）会议，郑万钧副院长主持，会议决议根据部党组确定中国林科院编制人数850人。根据院内业务情况确定院直属各研究室作如下调整：林研所内设12个机构，木材所内设5个机构，林业机械所内设5个机构，林化所内设7个机构，紫胶所内设5个机构。

(3) 国家科委五局闫建中处长等人来院了解中国林科院贯彻落实《科研十四条》情况，重点对林研所进行了调研，提出了“林业研究所情况调查报告”。

1963年

(1) 2月7日至3月7日，在北京召开全国农业科学技术工作会议，林业部副部长兼院长张克侠出席了会议并主持了林业组扩大会议，着重研究修改和落实十年规划。

(2) 11月18日，院下发直属研究所（室、站），《关于贯彻执行林业科学研究计划管理暂行条例(草案)》及《林业科学技术成果审查暂行办法（草案)》的通知。

1964年

8月2日至15日，由林业部副部长兼院长张克侠主持的全国林业科学技术工作会议在哈尔滨召开。

1965年

1月3日　成立中共中国林科院政治部（主管机关党委、人事、保卫等工作)。

1966 年

（1）2月1日院出台林业科学研究第三个五年计划（1966～1970）。提出抓五项任务，作为全国林业科学研究重点。

（2）2月2日，中国林科院直属所站工作会议在京召开，会议期间刘少奇主席、周恩来总理等党和国家领导人接见了参加会议的代表。

1968 年

（1）第一季度院内两大派群众组织（东风、红旗）开始大联合。

（2）9月10日，院革命委员会正式成立。京内各研究所（室）、院职能处室革命领导小组经林业部军管会批准正式成立。

（3）11月，院在广西邕宁县砧板建立“五七”干校。

1969 年

（1）6月，院派出了第二批“五七”干校学员。

（2）9月，院派出第三批“五七”干校学员，院长张克侠、副院长郑万钧、张瑞林均去了“五七”干校。此批共有350人左右，干校学员已达580人。

1970 年

（1）8月4日，《关于农科院、林科院体制改革的报告》报请国务院，时任副总理的纪登奎同志于8月23日批示：同意报告第三项下放的方案。原林科院的机构，除留有进入科技服务队120人，情报所的17人以及其他部门工作人员外，机构和人员全部下放或撤销。

（2）8月23日农林两院合并成立中国农林科学院（筹备）。

1971 年

（1）2月10日，中国林科院革命委员会《关于制定1971年各服务队工作计划的通知》给各服务队并明确承担的任务。包括韶山、延安、大寨、平顺、鄢陵、安吉、上海人造板厂、宜山栲胶厂、电白、合浦、上海东方红胶合板厂、安泽、昆明虫胶厂等科技服务队。

（2）3月16日，经农林部核心小组研究决定，原中国农业科学院，与原中国林科院正式合并，合并后的名称为中国农林科学院。

（3）11月24日院广西“五七”干校因农林两院合并后便于管理，将未下放到各省的干校学员合并到原中国农科院辽宁兴城“五七”干校。

1972 年

10月，中国农林科学院在福建省南平市召开了“全国林木良种协作会”，会议肯定了杉木种子园的做法，推进了“选择和培育速生用材树种的优良品种”的深入协作，在林木良种选育领域开始了选优和建立种子园工作。

1973 年

中国农林科学院林业研究所筹建组（原林业科技服务队人员和从兴城干校结业人员及留守处人员）于4月10日在原林科院的地址正式开始工作。

1975 年

6月，中国农林科学院河北林业研究所筹建。

1976年

（1）7月5日，中国农林科学院发出通知：为了便于工作，自7月15日起，启用中国农林科学院林产化学工业研究所新印章。

（2）11月1日到8日，中国农林科学院在北京顺义召开全国杨树良种普查鉴定会。

1977年

（1）关于中国农林科学院林业研究所、木材工业研究所在河北省保定市筹建。①农林部于4月29日给河北省农办并报省革委会：请予支持在保定市筹建林研所、木材所，②农林部于7月15日函告河北省革委会，林业所暂按200人、木材工业所暂按190人安排；两所级别定为地（师）级。

（2）8月8日，中国农林科学院颁发木材工业研究所印章。8月19日，“中国农林科学院林业筹备所”暂定为“中国农林科学院森林工业研究所”，并启用“印章。

（3）8月12日至17日，中国农林科学院和农业出版社在北京召开《中国木材学》编委及编写人员会议。中国农林科学院负责人陶东岱主持会议并做了讲话。

1978年

（1）3月13日，国务院批准恢复中国林业科学研究院。

（2）5月4日，农林部召开恢复中国林业科学研究院庆祝大会。

（3）经国务院批准院相继收回了亚林站（5月10日正式更名为亚林所）、热林所（1974年省编制小组改名为广东省热林所）和带岭林机所（哈尔滨林机所）。

（4）11月22日，黑龙江革委会函复国家林业总局，同意将黑龙江林科院实行省、部双重领导，以省为主的领导关系，并加挂中国林科院黑龙江分院的牌子。

1979年

（1）3月，经国家农委、科委批准成立磴口、大岗山、大青山实验局。

（2）5月21日，经国务院批准恢复中国林科院紫胶研究所。

（3）7月5日，经国务院批准恢复中国林科院林业经济研究所。

（4）9月1日，经国务院批准，恢复中国林科院北京机械研究所。

1980年

（1）3月31日，林业部通知将中国林科院哈尔滨林业机械研究所、北京林业机械研究所划归部林业机械公司领导。

（2）吴中伦被评选为中国科学院学部委员。

1982年

（1）10月，林业部人事司对中国林业科学研究院机构、编制进行了批复。（一）主要任务：对森林的保护、发展及利用的应用科学和开发科学的研究相应地开展基础理论研究。（二）机构设置：院的机构设置为院、所（处、室）两级。（三）编制人数：总编制5174人。院部机关324人，直属单位4850人。（四）建立中共中国林科院分党组。

（2）10月5日中共林业部党组转中共中央组织部通知，中共中央同意下列同志的任职：郑万钧同志为名誉院长、杨文英同志为党委书记、黄枢同志为院长。

（3）黄枢当选为中共第十二届中央委员会候补委员。

1986年

8月16日林业部任命刘于鹤为中国林业科学研究院院长，免去黄枢中国林业科学研究院院长职务。同日，中共林业部党组决定刘于鹤为中共中国林业科学研究院分党组书记。

1987年

刘于鹤院长、原院长黄枢（部科技委副主任）在中央国家机关第六次党代会上被选为中央国家机关出席党的十三大会议代表。

1988年

（1）2月2日至4日，在北京召开了“中国林业科学研究院第三届学术委员会成立大会”。

（2）10月27日，院在京召开建院三十周年纪念会，林业部部长高德占出席会议并做重要讲话。刘于鹤院长作了主题报告。为庆祝建院30周年，院举办了30周年林业科学研究成就展，编印了《中国林业科学研究院简史》（杨正莲编写）以及《中国林业科学研究院科研成果汇编》，《中国林科院成立三十周年纪念文集》。

1989年

1月，编制国家“八五”攻关计划。根据国家计委和科委的要求，院（科研处）组织编写了“短周期工业用材林定向培育与加工利用技术体系研究”，以林业部的名义向国家计委、科委推荐列入“八五”国家攻关项目。

1990年

6月25至30日，吴中伦、王恺、王定选同志参加了国务院学位委员会学科评议组第四次会议，并于29日受到江泽民、李鹏等党和国家领导人的接见。

1991年

5月20日，林业部党组批复同意组建新的中共中国林业科学研究院委员会。新党委暂由刘于鹤同志任书记。

1992年

（1）3月14日，中国林科院做出《关于开展向院劳动模范高德华同志学习的决定》。

（2）11月17日，林业部党组批准中国林科院恢复分党组，成立京区党委和京区纪委。分党组书记陈统爱、分党组副书记甄仁德(正司局级)。

（3）徐冠华被评选为中国科学院学部委员。

1993年

（1）林业部批复中国林科院同意成立“林业部林业科技发展研究中心”，与院调研室一套人马二块牌子。

（2）中国林科院、中国林学会联合召开庆贺吴中伦八十诞辰座谈会，林业部部长徐有芳写来贺信。

1994年

（1）4月26日，森林保护研究所、森林生态环境研究所两所成立大会在院举行。

（2）6月3日至8日，中国工程院召开成立大会，并产生首批院士，王涛被评选为中国工程院首批院士。

1995 年

（1）2 月 24 日，全国博士后管委会第十五次会议批准中国林科院林业工程一级学科设立博士后流动站。中国林科院的林业工程博士后流动站是全国首家林业工程流动站。

（2）3 月 9 日，中国林科院有 8 个实验室被正式命名为“中华人民共和国林业部重点开放性实验室”。

（3）3 月 22 日，国务委员兼国家科委主任宋健亲临中国林科院现场办公。

（4）5 月 5 日，国务院学位委员会批准中国林科院自主遴选博士生导师。

（5）10 月 5 日至 15 日，中国科学院在北京召开院士增选大会，唐守正被评选为院士。

（6）10 月 12 日至 14 日，全国林业科学技术大会在中国林科院隆重召开。中共中央政治局常委、国务院副总理朱镕基对大会作了重要批示，中共中央政治局委员、书记处书记、国务院副总理姜春云参加开幕式并发表了重要讲话。

1996 年

（1）2 月 6 日，林业部下发通知，任命江泽慧为中国林业科学研究院院长（副部级待遇不变）、分党组书记。

（2）7 月 3 日，国家科委确定中国林科院为全国科技体制改革试点单位。9 月 4 日，国家科委批复林业部科技司：“原则同意中国林科院改革方案的基本思路”，改革试点工作将全面展开。

（3）12 月 16 日，1996 年度国家科技奖励评审结果在北京揭晓，中国林科院共有 7 项成果荣获国家科技进步奖。王涛院士主持的“ABT 生根粉系列的推广”荣获特等奖。

1997 年

11 月 16 日，中国和加拿大两国共同发起、第一个总部设在中国大陆的政府间国际组织“国际竹藤组织”成立协议签字仪式，在人民大会堂西会议厅举行。中国林科院院长江泽慧分别当选为国际竹藤组织董事会主席和董事会联合主席。

1998 年

（1）9 月，中共中央总书记、中华人民共和国国家主席、中央军委主席江泽民为中国林科院题写院名，以庆祝中国林科院建院四十周年。

（2）10 月 27 日至 28 日，“中国林科院建院四十周年纪念会暨面向 21 世纪的林业——可持续发展全球战略下的林业科学技术国际研讨会”在京举行。全国政协副主席万国权出席了 27 日上午的纪念会；并与全国政协人口资源环境委员会主任侯捷、国家林业局副局长李育材共同为江泽民总书记题写的“中国林业科学研究院”院名揭牌。

1999 年

（1）3 月 25 日，国家林业局经研究决定：明确林业、亚林、热林、森环森保、资源、资昆、木工、林化、科信所、热林中心、亚林中心为副司局级单位。

（2）6 月 26 日，中国林科院与山西省林业厅联合举行了“中国林科院华北林业研究所”挂牌仪式。挂牌仪式在山西省林科院举行。

（3）10 月，蒋有绪被评选为中国科学院院士。11 月，宋湛谦被评选为中国工程院院士。

2000 年

3 月 29 日，科技部召开社会公益类科研机构改革试点工作座谈会，部署社会公益型科研院所改革试点工作，院部和林业所被确定为新一轮的改革试点单位。

2001 年

（1）4 月 4 日，国家林业局批复中国林科院，同意成立中国林科院大熊猫研究中心。

（2）6 月 4 日，国家林业局通知，将国家林业局北京林业机械研究所和国家林业局哈尔滨林业机械研究所由国家林业局直接管理的体制变更为中国林业科学研究院管理。

（3）7 月 13 日，根据国家林业局对三江源自然保护区进行科学考察的决定，由院牵头，分片对原划定的 25 个核心区以及其它生态退化或破坏较严重的区域，进行了为期一个月的野外实地考察。

（4）8 月 11 日至 28 日，江泽慧院长率中国林业科技代表团一行 9 人，访问了俄罗斯、芬兰、瑞典等 3 国。

（5）11 月 16 日，国家林业局直属科研机构改革实施动员大会在中国林科院召开，副局长祝列克主持大会，江泽慧在大会上作了题为《坚定信心，稳步推进，全面实施林业科研机构分类改革》的动员报告。

此前，科技部、财政部和中央编办在 10 月 29 日联合行文，对四个部、局所属的 98 个科研机构分类改革总体方案进行了批复。国家林业局直属的 20 个科研机构中，中国林科院的院部、林业所、热林所、亚林所、森环所、森保所、资源所和资昆所将转为非营利科研机构；科信所转为中介机构；木工所、林化所、北京林机所、哈尔滨林机所、热林中心、亚林中心、沙林中心、华林中心、竹子中心、泡桐中心、桉树中心转为科技企业，这些机构转制后暂由中国林科院管理。

2002 年

（1）6 月 6 日，全球环境基金在印度尼西亚巴厘岛举行授奖仪式，国家林业局党组成员、中国林科院院长江泽慧被授予“全球环境基金 2002 年全球环境领导奖”。

（2）10 月 24 日，国家林业局批复同意中国林科院与国际竹藤网络中心共同组建研究生院。

（3）11 月 27 日，中国林科院在科技报告厅隆重举行授予芬兰总统塔里娅 · 哈洛宁名誉博士学位仪式。

（4）甘肃省林业厅于 2002 年 9 月 14 日通知省治沙所：根据甘机编办通知，在甘肃省民勤治沙综合试验站加挂“甘肃省中国林业科学研究院民勤治沙综合试验站”的牌子。

2003 年

（1）1 月 14 日，南方国家级林木种苗示范基地竣工典礼在广东湛江举行

（2）7 月 25 日，在人民大会堂召开中国可持续发展林业战略研究总结大会。国家林业局、科技部在会上联合表彰了中国可持续发展林业战略研究项目组。江泽慧院长、张守攻常务副院长、王涛院士等 51 位专家受到了表彰。

2004 年

（1）8 月 5 日，国家林业局同意成立中国林业科学研究院内蒙古分院和中国林业科学研究院新疆分院。

（2）8 月 24 日，纪念郑万钧先生诞辰 100 周年座谈会暨《中国树木志》四卷首发式在中国林科院举行。原林业部副部长刘于鹤和国家林业局、北京林业大学、南京林业大学、中国林学会、国际竹藤网络中心、中国林业出版社及中国林科院等单位的现任领导、老领导及有关专家出席会议。

（3）11 月 9 日，由国家林业局副局长张建龙任组长的国家林业局改革验收专家评估组，对中国

林科院科技体制改革进行部门验收。认为符合国家验收的要求。同时针对中国林科院部分机构在分类改革中存在的实际问题和困难，建议适当调整改革总体方案，将6个拟企业化转制的科研机构保留事业单位性质，报请“两部一办”审批后，申请国家联合验收。

2005年

（1）科技部、财政部、中央编办于2005年1月7日“关于国家林业局调整所属科研机构改革方案的复函”给国家林业局，同意对中国林科院亚林中心、热林中心、华林中心、沙林中心和泡桐中心、桉树中心6个科研机构的改革方案进行调整，这6个科研机构暂保留科学事业单位性质，原有编制、经费渠道和核实方式不变，其进一步的改革方案待部门属公益类型机构改革阶段性验收工作全部完成后，再由相关部门研究确定。

（2）1月28日，由科技部、财政部和中编办组织的国家林业局所属科研机构科技体制改革国家联合验收会在院举行。联合验收专家组在听取国家林业局和中国林科院汇报的基础上，经评议、测评，建议通过阶段性评估验收。

（3）8月20日，中国林业科学研究院新疆分院挂牌仪式在新疆乌鲁木齐市举行。

（4）2月24日，中央国家机关精神文明建设、社会治安综合治理领导小组等六部门通知，中国林科院被授予中央国家机关文明单位“十连冠”单位和中央国家机关文明单位的称号。这是中国林科院连续第19年荣获中央国家机关文明单位称号。

（5）10月14日，中国林科院在京举行授予巴西环境部部长玛丽娜·席尔瓦名誉博士学位仪式。

2006年

（1）1月13日，中国园奠基仪式在美国华盛顿举行。奠基仪式由美国国家树木园园长托马斯·伊莱亚斯主持，美国农业部部长迈克尔?约翰斯和副部长任筑山，国家林业局党组成员、中国林科院院长江泽慧，驻美大使周文重出席奠基仪式并讲话。

（2）3月31日，国务院在人民大会堂召开全国造林绿化表彰动员大会。中国林科院被授予“全国绿化模范单位”。

（3）9月14日，全国林业科学技术大会在人民大会堂召开。国家林业局局长贾治邦主持会议，国务委员陈至立出席会议并讲话。中国林科院院长江泽慧做题为《走中国特色林业自主创新之路 为林业又好又快发展提供强有力科技支撑》的主题报告。大会对全国林业科技工作先进集体和全国优秀林业科技工作者进行了表彰。

（4）12月26日，国家林业局12月15日决定，任命张守攻为中国林科院院长。同日中共国家林业局党组决定任命张守攻为中共中国林科院分党组书记。

2007年

（1）8月25日，中国林科院湖南分院揭牌仪式在长沙举行。国家林业局局长贾治邦、湖南省副省长郭开朗致辞并揭牌。

（2）9月10日至23日，由国家林业局、教育部、中国科学院、中国气象局等15个直属科研机构、高等院校以及甘肃省治沙研究所共46名科学家和研究人员组成科考队对库姆塔格沙漠进行了首次综合科学考察。

（3）11月26日至12月5日，应瑞典农业大学、加拿大阿尔伯塔大学等邀请，院长张守攻率中国林科院代表团出访欧洲和加拿大。

2008年

（1）10月23日，国家林业局同意依托福建省林科院成立中国林业科学研究院海西分院。

（2）10月27日，中国林科院建院50周年庆祝大会在京举行。中共中央政治局委员、国务院副总理回良玉发来贺信。民进中央常务副主席、全国政协副主席罗富和出席会议并作重要讲话。国家林业局党组书记、局长贾治邦出席会议并致贺词。国家林业局党组副书记、副局长李育材主持大会。国家林业局党组成员、中央纪委驻国家林业局纪检组组长杨继平宣读了回良玉副总理的贺信。院长张守攻，国际林联主席李敦求，东北林业大学校长杨传平，王涛院士分别致辞。

全国人大常委会副委员长路甬祥、乌云其木格，全国政协副主席张榕明、厉无畏、罗富和及第十届全国政协副主席徐匡迪等80多位领导、专家为建院50周年题词。来自部分国际组织以及各级党政部门和国内外科研院所、高等院校、企业、社会团体的600多个单位与个人发来贺电、贺信。

（3）12月18日，院举行了《郑万钧专集》首发式暨郑万钧塑像揭彩仪式。国家林业局副局长李育材，中国林科院院长张守攻为郑万钧塑像揭彩并讲话。

（4）经12月17日院长办公会议研究决定，设立“中国林业科学研究院终身成就奖”，用于表彰院以第一主持人身份获得过国家科技进步特等奖，或者国家科技进步一等奖两次以上，或者国家自然科学一等奖，或者国家技术发明一等奖的杰出人才。王涛院士获得首位“中国林业科学研究院终身成就奖”。